F-35战斗机
大揭秘

［日］青木谦知 著　任宇庭 译

机械工业出版社
CHINA MACHINE PRESS

本书详细介绍了日本航空自卫队引入F-35战斗机的始末以及这款战斗机从研发、改进、制造到量产、销售的具体细节。文末以概论的形式简明扼要地介绍了F-35战斗机在世界各国军队的配置情况。本书不仅勾勒出F-35战斗机的诞生历程，还从专业角度介绍了F-35的各类衍生机型，展现其机载武器、系统元件以及各类结构设计。在这一过程中，笔者也引入了其他多种世界知名的战斗机机型和经典设计，用于和F-35对比，以突出这种先进战机的优异性能。本书适合军事爱好者阅读。

F-35 WA DOREHODO TSUYOI NOKA KOUKUJIEITAI GA DOUNYU SHITA SAISHINEI SENTOUKI NO JITSURYOKU

Copyright © 2018 Yoshitomo Aoki

Original Japanese edition published by SB Creative Corp.

Simplified Chinese translation rights arranged with SB Creative Corp., through Shanghai To-Asia Culture Co., Ltd.

北京市版权局著作权合同登记　图字：01-2020-4855 号。

图书在版编目（CIP）数据

F-35战斗机大揭秘 /（日）青木谦知著；任宇庭译. — 北京：机械工业出版社，2022.2（2023.3重印）

ISBN 978-7-111-54832-4

Ⅰ.①F…　Ⅱ.①青…　②任…　Ⅲ.①歼击机—介绍—美国　Ⅳ.①E926.31

中国版本图书馆CIP数据核字（2022）第018674号

机械工业出版社（北京市百万庄大街22号　邮政编码100037）
策划编辑：韩伟喆　　　　　　责任编辑：赵　屹　韩伟喆
责任校对：李　婷　张　力　责任印制：张　博
北京华联印刷有限公司印刷

2023年3月第1版·第2次印刷
145mm×210mm·6印张·106千字
标准书号：ISBN 978-7-111-54832-4
定价：59.00元

电话服务　　　　　　　　　网络服务
客服电话：010-88361066　机　工　官　网：www.cmpbook.com
　　　　　010-88379833　机　工　官　博：weibo.com/cmp1952
　　　　　010-68326294　金　书　网：www.golden-book.com
封底无防伪标均为盗版　机工教育服务网：www.cmpedu.com

序　言

目前在美国研制的战斗机中，最新机型是洛克希德·马丁公司的F-35"闪电Ⅱ"。为了分别适应空军、海军与海军陆战队的需求，这种战机在同一个设计基础上开发了三种不同机型。而日本已引进F-35战斗机作为航空自卫队的新式战机，1号机于2016年11月17日正式交付。2018年1月26日，F-35的5号机（也是在日本完成组装的1号机）配备到青森县的三泽基地，从那一刻起，日本也进入了五代战机⊖的时代。

F-35是美国与同盟国的通用战斗机，已经开始在日本航空自卫队与驻日美军中使用。不仅如此，同处太平洋地区的澳大利亚空军与韩国空军也装备了这种战斗机，这也使得F-35在该地区的存在感大大增强。

F-35战斗机具有五代战机必备的所有性能，例如高隐身性与传感器融合技术、网络链接能力等。不仅如此，它还能携带并使用多种武器，属于多用途战机。F-35的作战能力至今仍在开发当中，距离计划中的完备状态仍有一段

⊖　战斗机划代不同国家有不同标准，美、日等国的五代机是我国标准的四代机。

——译者注

时间，所以未来的F-35也会不断发展。可以说它的进化仍处于"进行时"。

日本航空自卫队计划引入与美国空军机型相同的F-35A共42架，以此作为现役战斗机F-4EJ改的换代机。F-4EJ改是在F-4EJ"鬼怪（Phantom）Ⅱ"的基础上进一步提升性能并延长使用寿命后得到的改良版。作为"原型"的F-4EJ自1971年正式交付日本航空自卫队至今，已度过了近半个世纪的岁月。如果F-35A取代了F-4EJ，那么参考"前辈"的服役历程，它至少会在截至21世纪中后期的一段时间里稳坐日本主力战斗机的宝座。如果接下来作为F-15J非改型机的换代机型装备自卫队，期间尽管会有服役数量的变化，但相信它可以在日本持续服役至21世纪末。

这一期间日本当然也会引入各类新技术，所以即便肉眼看去并无变化，但F-35仍会日新月异。

此外，之后日本有人提出了新的构想，那就是引进美国海军使用的垂直/短距起降型战斗机F-35B，使F-35战斗机不仅适用于陆基，也能在直升机护卫舰上使用。虽然这一构想能否实现取决于几项重要课题的顺利攻克，但可以确定的是，F-35B自身具备的独特性能使它无论是在技术上还是在组织结构上都成了三型F-35战斗机中最惹眼的机型。所以随着F-35A装备日本航空自卫队及其后续的发展，F-35B的相关动向也值得关注。

为了区分每一架战斗机，F-35采用了英文字母与数字混用的表示方式。美国军用飞机会将代表机型的"A""B""C"三个字母与代表"飞机"大类的"F（Flight）"组合，然后用数字依次排序，于是便有了"AF-123""BF-65""CF-07"

等名称。

美国以外的国家也确定了区分国别的英文字母，在确定飞机名称时将机型与数字标号组合在一起。目前已知的国别记号如下：

● 英国	K	● 澳大利亚	U
● 意大利	L	● 以色列	S
● 荷兰	N	● 日本	X
● 挪威	M	● 韩国	W
● 土耳其	T		

所以会看到航空自卫队的1号机名为"AX-01"、英国的10号机名为"BK-10"等。本书在介绍个别战斗机时会采用这种表述方式。

青木谦知

目　录

第六章

**使用F-35
战斗机的
国家**

第一章 日本航空自卫队的 F-35A 战斗机

本章将重点介绍 F-35A 的引进经过、初次配备以及今后的相关计划、训练内容等。同时也会为读者介绍日本引进 F-35B 的构想。

图片：来源网络

1.1 在三泽基地初露锋芒

2020 年年内计划配置 16 架 F-35A

2018年1月26日，日本航空自卫队将一架F-35A"闪电Ⅱ"分配到青森县的三泽基地。在此之前，三泽基地于2017年12月1日编制了F-35A临时中队，用以接收并使用这种新式战机。该中队于2019年3月末再增加9架F-35A，同时增加队员人数。待规模扩充至战机10架，队员80人后，隶属该基地北部航空方面队第3联队的日本首支F-35A中队——第302中队将正式建成。

日本航空自卫队的战斗机中队以16架战机为一个完整建制，所以第302中队今后也会继续增配队员与战机，在达到一定数量后开始执行领空防御等任务。正式建成后的第302中队2019年3月后还将增配6架F-35A，2021年3月末达到16架。

F-35A在引进时的定位是F-4EJ改"鬼怪"的换代机型，所以现有的两个F-4EJ中队将率先改编为F-35A中队。原本由F-4EJ改战机组成的第302中队目前在茨城县的百里基地，但改编计划不会为百里基地配置新式战机，而是先整改百里基地的部队，再为整改后的部队配置F-35A，最终在三泽基地建立新的第302中队。所以部队原来的队标也可能改头换面。F-35A临时中队在任务联络时使用的T-4机型的垂直尾翼上绘制了雷神像标志，但这种标志是否会在即将脱胎换骨的第302中队中沿用，目前仍无法确定。

图为三泽基地的 F-35A 战斗机。这是航空自卫队的 6 号机，AX-06，也是在日本完成组装的第 2 架 F-35。

图片：青木谦知

图左为第 3 联队司令兼三泽基地司令，空将候补，鲛岛建一[⊖]；图右为 F-35A 临时中队队长，二等空佐[⊜]中野义人，作为空运任务飞行员，他正在向上级汇报已完成将 AX-06，即三泽基地第二架 F-35A 战斗机空运至该基地的任务。

图片：青木谦知

⊖　"空将"，日本航空自卫队的将级军官。

⊜　日本航空自卫队军衔之一，等级位于"空尉"与"空将候补"之间。　——译者注

1.2 人员培训 ①

在恩格林空军基地与卢克空军基地受训

　　美军决定在一处场所集中训练F-35的飞行员及维修员等工作人员，并为此在佛罗里达州恩格林空军基地设立了综合训练部队。除了空军（配备F-35A），海军（配备F-35C）与海军陆战队（配备F-35B）的飞行员训练部队也配置在此，而驻守该基地的美国空军第33联队则成为"东道主"。目前，海军陆战队的训练部队已调回原属基地，恩格林空军基地的F-35战机只有空军与海军机型。

　　此外，美国空军还在亚利桑那州的卢克空军基地编制了F-35A训练部队。这支训练部队由驻守该基地的第56联队指挥，很多飞行员培训任务都是在这里进行的。第56联队不仅训练美国空军，还为其他使用F-35战斗机的国家培训飞行员。目前，日本航空自卫队的飞行员正在卢克空军基地受训，本书会在1.3中为读者详细介绍。

　　F-35维修员的培训任务在学术训练中心（Academic Training Center，以下简称"ATC"）进行，这处训练中心隶属恩格林空军基地第33联队。受训人员会在这里学习有关维修保养各类器具的知识技能，从被视为F-35战机机身维护系统"特色"的新型自主后勤信息系统（ALIS，Autonomic Logistics Information System）的基础知识到救生装置（Survival Equipment Filter）等飞行员需要穿戴的各类飞行器具，可谓不一而足。2018年2月1日，ATC吸收了1000名新学员，他们将在这里接受国际水准的维修师教育。

图为卢克空军基地内正在起飞的"忍者"（请参考 1.3）F-35A 战斗机。在 2017 年 2 月 7 日进行的这次日本航空自卫队飞行员试飞训练中，驾驶该战机的正是日后成为 F-35A 临时中队队长的中野义人二等空佐。
图片：美国空军

图为恩格林空军基地 ATC 正在对 F-35 维修员进行培训时的情景。图中，美国空军的维修员正在接受关于弹射座椅维护保养的培训。
图片：美国空军

1.3 人员培训②

培养日本航空自卫队飞行员的"忍者们"

2018年，日本航空自卫队飞行员结束了在美国亚利桑那州卢克空军基地的培训。正如上一节所述，驻守该基地的第56联队负责为美国及其他使用F-35战机的国家培训空军飞行员，但只有日本航空自卫队飞行员的培训任务是由该基地的第944联队第2中队执行的。据说这是因为其他使用国都是F-35战机的国际合作开发伙伴，而日本则是通过海外有偿援助的形式引进F-35战机的。

以色列空军飞行员未在第56联队受训也是出于同样的原因，该国将自主培训飞行员。但韩国飞行员会在第56联队受训。

第944联队与卢克空军基地第56联队的关系可以称之为"联合部队"。这种关系与部队组织关系不同，双方会共用飞机或支援器材等设备，多见于冷战结束后的美国空军。

例如，当配置战斗机的一线部队所驻守的基地同时还有美国州驻军与预备役等其他二线军队时，这些二线军队将成为"联合部队"。由于既能保存一定数量的军队，又可以大幅减少需要调配的军机数量，所以在冷战结束后，为了大幅削减财政预算，美国发明了这种方法。

此外，为培养日本航空自卫队飞行员而组建的第944联队第2中队有一个绰号，叫作"ninjas"，这个复数形式的英文单词是日语"忍者"的音译。

2018 年，日本航空自卫队的 F-35A 战斗机有 4 架在美国完成组装，1 架在日本完成组装，并配置到美国的卢克空军基地。图为日本组装的一号机 AX-05 在 2017 年 11 月 6 日移交卢克空军基地时横跨太平洋飞行的场景。威斯康星州州驻军航空第 115 联队第 176 中队的两架 F-16C 战斗机（右）全程护航。

图片：美国空军

图为出动训练时正从简易掩体中滑出的"忍者"教练机 F-35A。虽然这支联合部队与第 56 联队共用维护器材等设备，但机库是分开的。可以看到图片后方的仓库上写着"第 944 联队"。

图片：美国空军

17

1.4 航空自卫队装备计划

2020 年年内为 301 中队配备 F-35A 战斗机

日本航空自卫队的 F-35A 战斗机本来首先分配至操纵训练部队。但正如 1.3 节中所述,首批分配的 F-35A 战斗机是运往美国空军部队的。这支操纵训练部队配有在美国组装的 AX-01 至 AX-04,以及在日本完成组装的 AX-05,共 5 架 F-35A 战机,目前部队的活动也是围绕这 5 架战机展开的。而日本首支配备 F-35A 战机的部队是 1.1 节中提到的三泽基地 F-35A 临时中队。这支部队在 2019 年 3 月末改编为第 302 中队,进而成为日本航空自卫队的首支由 F-35A 战机组成的正式中队。

继第 302 中队之后,日本还将为三泽基地编制第二支 F-35A 中队——第 301 中队,这支飞行队计划于 2020 年年内完成装备工作。第 301 中队曾是最早配备 F-4EJ 的中队,现在该中队的机型已变为 F-4EJ 改,目前驻守在茨城县的百里基地。至于该中队是在百里基地完成机种更新后再赶往三泽基地,还是像第 302 中队一样在原地整理部队后再转移到三泽基地重新开始,目前尚未公布详细计划。

不管采用哪种方案,在第 301 中队被划归至三泽基地后,日本自卫队需要对第 3 联队指挥的中队进行整理,其中配备三菱 F-2 机型的第 3 中队将与第 301 中队对调,在第 301 中队转移的当年移驻至百里基地。如此一来,当初原定用 42 架 F-35A 战机为两个 F-4EJ 改中队更新换代的计划宣告完成。

不过,日本航空自卫队的战机更新计划至此并未结束,军方还需要为目前仍在服役的 100 架非现代化改良版 F-15J 战机选定换代机型,如果 F-35A 当选,那么新的 F-35A 中队今后还会增加。

图为日本航空自卫队的 F-35A 战斗机，这架战机编号是 AX-06，它是日本首支装配 F-35A 的部队
（临时 F-35A 中队）所使用的战机，目前配属三泽基地，今后将成为第 302 中队的一部分。

图片：青木谦知

日本生产的 F-2A 战斗机。

图片：来源网络

1.5 引进F-35战斗机的经过

三选一

早在2008年12月，日本防卫省就将F-4EJ改的更新换代计划提上日程（F-X，Fighter-Experimental），为此挑选了美国的F/A-18E"大黄蜂"战机、F-15FX鹰式战机、洛克希德·马丁的F-35A"闪电Ⅱ"战机以及欧洲各国共用的欧洲战机——台风，作为此次换代计划的候选机型，并要求相关制造商提供战机信息，同时也向欧美各国派去调研团队，展开实地考察。

2011年4月，日本防卫省要求各家公司递交方案，以2011年9月26日为截止日期，最终收到了除F-15FX之外的其他3种机型的相关方案，进入了最后的筛选环节。

这次筛选最后以洛克希德·马丁公司的胜出告终，使日本防卫省确立了引进F-35A战机的计划方案，并向日本政府提交申请。2011年12月20日，经日本政府安全保障会议及内阁会议讨论确认，装备F-35A的计划方案正式敲定。日本政府因此将相关费用计入了2012年年度预算经费。此时的日本航空自卫队计划装备的战机数量是42架（训练使用的战机也计算在内），2个F-4EJ改战机中队也因此更新换代。

此外，在确定引进机型的过程中，法国达索公司的"阵风"战机也曾被列为讨论对象之一，但达索公司参考成例，认为"日本不可能采用欧制战机"，因此很早就放弃了竞争，没有提交换代方案，所以被排除在外。日本防卫省也曾十分青睐于洛克希德·马丁公司研制的F-22A猛禽战机，但正如1.6节所述，这一想法最终未能如愿。

F-X 项目计划最终决定对仍在使用 F-4EJ 改战机的 2 个中队进行更新换代工作，并选定 F-35A 战机作为换代机型。图中的战机配属于日本的 F-4EJ 改中队，这个中队即将改编为第 302 中队。

图片：日本航空自卫队

图中战机配属于日本航空自卫队的 F-4EJ 改战机中队，这个中队即将成为全日本第 2 个 F-35A 战斗机中队，即第 301 中队。

图片：日本航空自卫队

1.6 未能引进F-22战斗机的理由

因担心尖端技术泄露而禁止出口

笔者在前文中已经提到，日本防卫省正式将F-X计划提上日程是在2008年。但日本航空自卫队早在21世纪初就认识到F-4EJ改机型终将退役的事实，所以很早就开始收集关于换代机型的信息。在众多战机中，日本对美国开发的最新隐形战机——洛克希德·马丁的F-22A"猛禽"战斗机投来渴望的目光。

对于一直以来引进F-86F、F-104J、F-4EJ、F-15J等美国空军各时代主力战机的日本航空自卫队而言，在"继F-15后的新一代主力战机"的定位下开发出来的F-22自然是"理所当然"之选，而且当时的F-22也是地球上毋庸置疑的最强战机，所以日本一直是"势在必得"的。但是由于先进战术战斗机（ATF，Advanced Tactical Fighter）计划中的F-22涉及太多高端技术，美国决定不对外出口这一机型。

而另一方面，由于F-22要使用多种高端技术，制造成本极高，迫使美国政府不得不削减服役数量，这导致美国空军实际装备的F-22数量尚不及空军最低要求的一半。于是日本认为"如果美国能向日本出口F-22，会使得该战机的生产量上升，价格下降，而美国空军则有望实现自身所需的装备数量"，并因此抱有一丝希望。但握有最终决定权的时任美国总统奥巴马（任期从2009年1月至2017年1月）在就职后立刻表示不允许F-22对外出口，F-22也因此未能进入日本F-X项目的候选名单。

美国政府"不对外出口 F-22"的方针最终未能改变，日本航空自卫队也因此未能引进 F-22。图中的 F-22A 战机配属于夏威夷珍珠港希卡姆联合基地（Pearl Harbor-Hickam）第 15 联队第 19 中队。

图片：美国空军

机身上印有日本涂装的洛克希德·马丁 F-22A 猛禽战机止步于模型，幻灭而终。日本曾举政府之力，搜各方缘由，力求促成购买事宜。无奈美国政府的大方针始终未变。　图片：青木谦知

1.7 另外两个竞争对手

"大黄蜂"和"台风"

历经波折后,波音公司F/A-18E"大黄蜂"战机和欧式战机"台风"在F-X项目的最终讨论阶段成为F-35A战机的竞争对手。F/A-18E"大黄蜂"于1983年开始服役,作为美国海军双发(双发动机)舰载战斗机F/A-18"大黄蜂"的进化版,它取代了原有机型的位置,成为目前美国海军的舰载战斗机主力。与原有机型相比,包括主翼在内的机体各部位均有所扩大,武器装载量提升,作战半径增加,飞行性能也得到强化。

另一方面,"台风"战机是英、德、意、西4国共同研发的多功能战机。它是一种双发战机,其机身结构将"鸭式布局"(英文为Canard,将用于平衡的部分尾翼移至主翼前方的机头两侧,可提供更强大的升力,增强灵活性)和当时被称为西欧研发主流的"无尾三角翼"结合起来,因而获得了较高的敏捷度,也具备了许多美式战机所没有的特征。

不过上述两种机型在开发之初就缺少雷达隐身性,而这种性能正是F-35等五代机的必备特征之一,这是一个不争的事实。此外,它们可装载的雷达等电子设备也比较老旧,可以说是"准五代机",也可以称为"4.5代战机"。

虽然如此,这两种机型都使用了多种改良手段,尽可能地向五代机靠拢。例如,"大黄蜂"的进气道内装有雷达屏蔽罩,想最大限度地提升自己的隐身性。而且根据相关介绍,这两种机型都可以装载与F-35战机相同的雷达配置,即有源相控阵雷达(AESA, Active Electronic Scanned Array)。

此前主打 F-15FX 战机的波音公司后续又拿出引入了新技术的 F-15SE "沉默鹰" 战机，但并未获得日本防卫省的关注，也未提交最终方案，所以未列入 "候选名单"。　　图片：青木谦知

图为正准备从 "里根" 号航母（USS Ronald Regan）起飞的 F/A-18E "大黄蜂" 战机，该战机配属于美国海军 VFA-115 "老鹰" 中队。在日本 F-X 项目计划中，"大黄蜂" 是海军专用舰载战斗机这一事实其实是个减分项。　　图片：美国海军

1.8 相较于对手的优劣

称霸实战与模拟测评的高分选手

日本航空自卫队在确定F-X项目的最终选择时分三个阶段展开评估。第一阶段是全面综合评估，在这一环节，三种机型均满足要求。

第二阶段是在机身性能、火控能力、电子战能力、隐形目标探测能力、航空阻击能力（包括对地打击能力等多个方面）等战机必备性能的基础上加入了经费、日本企业参与计划、后勤支援等多个考量要素，最终结果是F-35A战斗机取得最高分。

第三阶段则是在第二阶段出现得分相同的情况时，对同分机型进行的二次评估，所以早在F-35A斩获第二阶段评估最高分的那一刻，F-X项目的最终选择就已经确定为F-35A了。

在上述第二阶段的各种评估要素中，机身性能主要考察战机的飞行性能和隐身性能；火控能力主要考察火控雷达的目标处理能力和对于导弹的同步控制能力；隐形目标探测能力主要考察红外搜索与追踪系统（IRST，Infra-Red Search and Track）的性能、战场态势感知能力；航空阻击能力则主要考察对威胁范围（即地空导弹的打击范围）的侦察能力，制导炸弹的挂载量等。

此外，空中加油过程中的受油方式是否与日本航空自卫队采用的飞桁式（Flying boom）相匹配也是评价要素之一。

在对以上性能展开的综合考察中，F-35A在各方面均保持着良好的平衡参数，斩获了最高得分。不仅如此，F-35A在基于数理分析的模拟测评中也获得了最高分。

图为欧洲战机计划所提出的"台风"战斗机。欧洲战机计划（European Fighter Aircraft，1984 年
7 月，德、英、法、意和西班牙五国达成协议，决定共同发展一种 20 世纪 90 年代使用的先进
战斗机，即"欧洲战斗机"计划）的制造商虽然与法国达索公司一样认为"日本采用欧制战机
的可能性极低"，但其成员企业英国 BAE 系统公司以及西班牙与德国的欧洲宇航防务集团（EADS，
European Aeronautic Defense and Space Company），还有意大利的芬梅卡尼卡（Finmeccanica）
公司（现更名为莱昂纳多，Leonardo）都认为"提交方案有利于未来的商业合作"，因而向日
本方面积极说明并披露相关信息。　　　　　　　　　　　　　　　　图片：欧洲战机计划

图为英国空军第 41（R）
中队的"台风"战机与
同队飞行的 F-35B 战机
（图中最上方）
图片：美国空军

27

1.9 日本的生产情况

日本与意大利分别在国内组装

日本航空自卫队此前引进的美制战机都采用了"特许生产"方式，所以希望此次F-X项目也采用同样的方式，但F-35A的特许生产遭到了拒绝。这主要是因为F-35战机的研发与生产已形成国际分工的局面，以美国为首的8个国家的航空工业分别承担了各个环节。虽然理论上日本可以和国际制造商逐一签订专利使用协议，但实际上难以操作。

所以日本通过与洛克希德·马丁公司的交涉达成了一项共识：即日本可在国内组装面向日本生产的F-35战机。这一组装作业的全称是"总装检修工作"（FACO，Final Assembly and Check Out），由三菱重工承担。这项工作的主要流程是：首先将各家制造商生产并交付的机体各部分搬运至三菱重工小牧南工厂，然后再进行组装工作，完工后检测产品，最后交付航空自卫队。除了日本，意大利也获得了批准，可以自主完成"总装检修"，意大利空军与海军的F-35总装检修工作将在位于米兰郊外的莱昂纳多公司旗下的工厂进行。

在此次引进的42架F-35战机中，日本决定先在美国完成最初4架战机的"总装检修"工作，剩余的38架战机则会在三菱重工接受"总装检修"。但是，如果装备战机数量继续增加，日本不确定今后是否仍会在日本国内进行这项工作。有些声音认为这项工作会导致战机价格增长，所以未来或将努力兼顾在本土"总装检修"带来的好处与经费预算增加的问题。

日本组装的 F-35 战斗机。　　　　　　　　　　　　图片：来源网络

1.10 F-35B 战斗机引进方案

或将成为出云级直升机驱逐舰舰载机型

日本决定引入的F-35战机属于面向美国空军研发的常规起降型（CTOL, Conventional Take-Off and Landing）战机，机型为F-35A，需要陆基跑道辅助起降，是常规战机。但F-35战机中也有根据美国海军陆战队与英军要求开发的垂直/短距起降型（STOVL, Short Take-Off and Vertical Landing）战机，机型为F-35B，目前日本也正在讨论引入这种机型的可能性。F-35B战斗机的简介将在2.10节与2.11节中展开。

日本自卫队引入F-35B的构想与美国海军陆战队的思路相近，美国海军陆战队将F-35B配置到两栖攻击舰上，日本自卫队则打算使用F-35B作为直升机驱逐舰"出云"号的舰载机。拥有全通甲板的"出云"号驱逐舰如果能与F-35B搭配，将可以实现部分航空母舰的功用。

当然，在此之前，日本还需要解决很多课题。例如"日本能否保有及使用航母或与之类似的舰只"这种政治问题，以及"实际装备并使用的是航空自卫队还是海上自卫队""飞行员

等相关工作人员的培训如何开展"等技术问题。

虽然如此,与日本上一代全通甲板式直升机驱逐舰日向级相比,"出云"号驱逐舰扩大了整个舰体,而且连接甲板下部机库与甲板的升降机尺寸也在舰艇设计阶段就为搭配 F-35B 战机做出了相应改动,这都是众所周知的事实。确实,诸如"怎样提升该舰甲板对战机发动机喷气高温的耐受性"等实际问题不是一朝一夕就能解决的,但这种搭配方案仍不失为日本未来国防安全的一种选择。

在陆地上短距滑行起飞的 F-35B。由于使用升力风扇和矢量发动机排气口,F-35B 得以在极短的滑行距离内起飞,因而可以从甲板较短的两栖攻击舰上升空。又因为 F-35B 可以实现垂直降落,所以即便没有弹射器和拦阻索等航母专用装置,该战机也可以从两栖攻击舰上开展作战行动。

图片:洛克希德·马丁公司

日本海上自卫队配有多种驱逐舰，但多数舰船的舰桥都建在舰体中央。虽然它们也能使用直升机作为舰载机，但最多也不过在舰尾腾出一处仅能容纳一架直升机的停机坪（helipad）和机库。

与之相对应的是全通甲板型舰船。这种舰只几乎从头到尾都用未被隔断的平滑甲板覆盖舰身。日本海上自卫队的第一艘全通甲板型舰只是大隅级登陆舰。但是它的舰桥仍然建在舰体中央，将甲板分割为前后两部分。前甲板用于停放车辆及各类器材，后甲板才是直升机专用甲板，事实上不算是"真正的全通甲板"。它在直升机甲板上设置的停机坪属于大型直升机停机坪，大概可以容纳一架CH-47支奴干重型直升机或V-22鱼鹰式倾转旋翼机，但并不配备直升机机库和升降机。

日本海上自卫队拥有的第一艘真正意义上的全通甲板型直升机驱逐舰是日向级驱逐舰1号舰"日向"号。日向级驱逐舰的舰桥处于舰体中段且靠近右舷的位置，甲板平整顺畅，上设有4处直升机停机坪，2处升降机。得益于这种舰体构造，日向级驱逐舰可以搭载11架直升机，且能同时进行3架直升机的起降作业。日向级驱逐舰1号舰于2007年8月23日下水，2009年3月19日开始服役，目前已建成一艘⊖，即1号舰DDH-181"日向"号。

⊖ 这些情况仅截止到作者写书的时间。 ——译者注

图为爱宕级宙斯盾驱逐舰 2 号舰 DDG-178"足柄"号。该舰在舰体尾部设置了停机坪，很多驱逐舰采用了这种布局方式。

图片：日本海上自卫队

图为甲板宽阔的大隅级登陆舰 3 号舰 LST-4003"国东"号。这艘舰船可供直升机使用的空间只有舰桥后方的甲板部位。

图片：日本海上自卫队

1.12 出云级直升机驱逐舰

有可能使用 F-35B

继日向级之后研制的直升机驱逐舰是出云级。这种驱逐舰同样具备全通甲板，且舰体进一步扩大，甲板可同时排列 5 架直升机，且能同时进行起降作业。出云级直升机驱逐舰可搭载的直升机数量也增至 14 架，与驱逐舰整体作战能力相比，它将重心放到了对飞机的使用能力上。

目前日本已有出云级直升机驱逐舰两艘，1 号舰 DDH-183 "出云"号于 2013 年 8 月 6 日下水，2015 年 3 月 25 日开始在日本海上自卫队第一护卫集群第一护卫舰队服役。2 号舰 DDH-184 "加贺"号于 2015 年 8 月 27 日下水，2017 年 3 月 22 日开始在第 4 护卫集群第 4 护卫舰队（吴港基地）服役。

笔者在前文已经提过，有报道称"日本防卫省引进 F-35B 后也讨论了这种战机在出云级直升机驱逐舰上使用的可能性"。日本防卫省也曾委托相关驱逐舰制造商展开调研，并于 2018 年 3 月得到了一份调研报告。该报告一方面认为这类驱逐舰在飞机运用方面具有"较高的潜力"，另一方面也指出如果使用新型舰载机就需要对现有舰体做出改动。虽然这次调研的首要目的是查证该类驱逐舰能否为美国海军陆战队的 F-35B 提供支援，但并不排除由此延伸至将其打造成"F-35B 航母"的可能性。为了给各位读者提供参考，此处特列出美国黄蜂级两栖攻击舰与出云级直升机驱逐舰的主要参数如下（括号内为黄蜂级两栖攻击舰参数）：全长 248m（257.3m），最大宽度 38.0m（32.3m），吃水 7.1m（8.1m），满载排水量 26000 吨（41302 吨），最大航速 30 节（23 节）。

图为出云级直升机驱逐舰 1 号舰 DDH-183"出云"号，日本自卫队引进 F-35B 战斗机之初曾讨论过在该舰上投入使用的可能性。　图片：日本海上自卫队

DDH-183"出云"号直升机驱逐舰充分运用了全通甲板，图中的甲板上排列着 5 架 SH-60 直升机。
图片：日本海上自卫队

图为美国海军主力两栖攻击舰"黄蜂"号。该舰编入美军第七舰队，目前以日本长崎县美国海军基地——佐世保基地为母港，这里也是美国海军陆战队驻日部队的活动据点之一。
图片：美国海军

具有阿富汗地区实战经验的第 944 联队

2020 年年内计划配置 16 架 F-35A

　　1.3 节提到的"忍者"中队隶属于第 944 联队，该联队成立于 1987 年 7 月 1 日，是作为战机部队预备役编制的航空战队。1994 年，该联队正式更名为如今的第 944 联队，其主要任务是为战机部队训练预备役人员，曾被派往阿富汗参与代号为"不朽自由"的作战行动以及禁航监视等实战任务。2001 年"9·11"事件发生后，第 944 联队被编入北美防空任务的执行部队，其任务代号为"高洁之鹫"。自成立以来，该联队一直以卢克空军基地为"大本营"。

图为正和其他飞机列队飞行的"忍者"中队的 F-35A（AX-02），其余三架分别是第 944 中队的 F-16C（左），预备役战机 A-10C（靠近读者），以及 F-15E（右）。

图片：美国空军

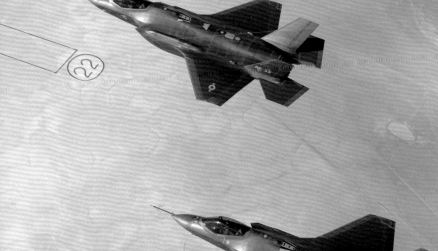

第二章
F-35 战斗机的诞生与各类机型

本章主要介绍 F-35 战斗机的"起源"——联合攻击战斗机（JSF，Joint Strike Fighter）计划，三种衍生机型的基本信息，以及其开发经过和相关试验等。

2.1 联合攻击战斗机计划

诞生于同一种基础设计的三类派生机型

20世纪80年代末，美国空军、海军以及海军陆战队分别开始研究适合自己的战斗机、攻击机，以求更新换代。实现这一目标至少需要研发4种机型，要求每种机型都有独特的性能，但一切从零开始会使研发成本偏高，而且生产数量较少，导致机体价格增加。所以美国国防部确定了一个基本方针："尽可能地统一相近的用途与功能，用一种新机型满足所有需求。"于是将多个新型战机的研发计划合并为一个整体。

这便是联合攻击战斗机（JSF，Joint Strike Fighter）计划的起源。1996年3月22日，各大制造商收到了美军的委托文件，其中记述了美军对方案验证机的详细要求。虽然JSF计划的主旨是用1种新机型为4种机型完成更新换代，但仅靠一种方案无法实现所有需求，所以制造商们决定活用一种基础设计，分别研发面向空军的常规起降型战机、面向海军的舰载战机以及面向海军陆战队的垂直/短距起降战机。

1996年11月16日，美军审查了各家制造商提交的方案后宣布结果，波音与洛克希德·马丁两家公司的方案成功"入围"。两家公司将各生产两架验证机，用于接受方案验证阶段（CDP，Concept Demonstration Phase）的飞行对比考核。该阶段的胜出者将进入系统开发与实证阶段（SDD，System Development and Demonstration），会根据JSF计划研发并生产所有派生机型。2001年10月26日，洛克希德·马丁公司胜出，这也宣告了F-35"闪电Ⅱ"的诞生。

自 20 世纪 80 年代末至 90 年代初，美国各大飞机制造商为美军各军种的新型战斗机项目出谋划策，提出了许多方案。左上角为波音公司提出的面向空军的多用途战机（MRF，Multi Role Fighter）概念图。右上角为洛克希德·马丁公司提出的先进短距起降战机（ASTOVL，Advanced Short Take Off and Vertical Landing Aircraft）概念图。左中部为洛克希德·马丁与通用动力公司（现为洛克希德·马丁公司）提出的面向海军的新式攻击机（AF-X）概念图。右下角为麦克唐纳·道格拉斯公司（现波音公司）提出的统合先进战机技术（JAST，Joint Advanced Strike Technology）概念图。

图片：JSF Program Office

2.2 联合攻击战斗机的目标

追求超越传统战机的性能与经济性

　　JSF（联合攻击战斗机）计划是继洛克希德·马丁公司研发F-22战斗机后的又一个五代战机计划。因此，它的技术及性能需要满足很多需求，例如用以提高战场态势感知能力的传感器融合技术、针对网络作战的高接入性、尖端武器使用能力还有使探测雷达难以捕捉的高隐身性等。然而，JSF计划正式开启前，东西方的冷战已随着柏林墙的拆除与苏联的解体拉下帷幕，美国开始大幅削减国防预算，进入了缩减军备的新时代。

　　在这一时代背景下上马的新战机计划需要具备前所未有的经济性优势。这种"经济性"意为"可承受性"。这意味着不仅是调度成本，使用经费、管理经费等各个层面都需要具备优良的经济性。JSF计划研发的战机是面向新时代的战机，当然应该具备超越传统战机的性能。但美国重视的是如何在冷战结束后的国际新秩序下，按照符合新形势的经费预算实现这一目标。

　　这种考虑的最初表现就是笔者在2.1节提到的"用一种基础设计覆盖3军种4机型"的大胆尝试。这种理念使研发费用只需集中到一种机型上（当然，现实不会这么简单）。当初计划打造的数量是：美国空军1763架、美国海军480架、美国海军陆战队609架，还有为英军生产的150架（英国早在计划之初便表示愿意参与研发，配备数量为英国空军90架、英国海军60架），总计3002架。因为数量庞大，所以机体价格比最初计划会有所降低。

JSF 计划要求机体与设备在各方面具备经济可承受性。所以方案验证阶段的胜出者会包揽 3 种机型的开发与生产任务。洛克希德·马丁公司就是在这样的背景下开发出 3 种不同型号的 F-35 战机的。图为编队飞行的 4 架 F-35 战机，型号从上至下依次为：F-35A、F-35B、F-35C、F-35B。

图片：美国空军

2.3 方案验证阶段（CDP，Career Development Program）始末

波音 X-32 与洛克希德·马丁 X-35

正如2.1节中提到的，为了敲定研制生产商，JSF计划要求波音公司与洛克希德·马丁公司分别生产自己的验证机，之后再展开对比研究。波音公司拿出的验证机名为X-32，洛克希德·马丁的验证机名为X-35，双方各生产两架验证机。虽然JSF计划的目的是实现3种新机型的实用化，但接受考核的公司只能生产两架验证机。这也是考察生产商能否用1种基础设计覆盖3种机型的检验手段，其主要思路就是"如果能成功通过这次考验，就足以证明生产商方案的经济可承受性"。而且决定胜负时不会分别比较各机型之间的优劣，而是对3种战机展开综合考察，确定一个综合成绩，将研发制造的基础设计限定为1种机型，以此实现项目整体的经济性。

此外，美国军方不会干预3种机型的具体生产，一切都交给生产商自主判断。所以，波音公司的方案是生产常规起降型战机X-32A一架，垂直/短距起降型战机X-32B一架，并使用X-32A接受对舰载机型X-32C的考核；而洛克希德·马丁公司的方案是生产常规起降型战机X-35A一架，舰载机型X-35C一架，并将X-35A改造为垂直/短距起降型战机X-35B，用以接受考核。此外，为预防X-35A在改造工作中可能出现的差错和问题，洛克希德·马丁公司也把X-35C设计为可以改造成X-35B的机体，但实际操作中并未产生这种需求。这项考核的重点在于机体自身，并不需要考察传感器运行和武器发射能力。

在方案验证阶段进行试飞的洛克希德·马丁公司的 X-35A。X-32 和 X-35 都具有可以发挥优良性能的机身设计，但洛克希德·马丁公司在整体完成度上略胜一筹，而且量产所需改动较少，因此拔得头筹。

图片：洛克希德·马丁公司

2.4 波音 X-32 战斗机

采用不需要升力风扇的直接升力方案

波音公司的X-32战机机体形状奇特，在近年涌现的战斗机中独树一帜。其最大的特征就是将发动机进气口设置在机首下方，可以通过进气口在各种飞行状态下向发动机输送充足的空气。关于这种机身设计，波音公司表示"这是追求战斗机经济性的成果"。此外，X-32的机身整体构造采用了模组式设计手法。波音公司一方面将机体各处设计为相对独立的结构单元，另一方面将各处的结合部位设计为可以多型号混用的结构，确保各机型精细零件的通用性，其主要目的是实现一条生产线上的全机型生产任务。

2000年9月18日，世界上第一架X-32A战斗机在加利福尼亚州的帕姆代尔首次试飞，第二年3月29日，二号机X-32B首次试飞。波音公司在设计X-32B时采用了直接升力方案，可以只通过飞机喷气实现短距起飞与垂直降落动作，希望通过去除升力风扇等复杂装置减轻机身重量，实现系统简化和发动机减负的效果。但为了在垂直着陆或空中悬停时保持姿态稳定，X-32B费了不少工夫，在主排气口之外另设了8处排气喷口，所以整体来看系统并未简化多少。在接受舰载机型考核时，如前所述，波音公司直接使用X-32A接受考核，未对机体做任何改动。即便如此，它在着舰速度测试中依然获得了好评，官方认为它的速度"完全符合要求"。

在加利福尼亚州的帕姆代尔机场降落的 X-32A 战斗机。它就是以这种机身构造接受舰载机型相关考核的。

图片：JSF Program Office

进入垂直着陆模式的 X-32B 战斗机正将 2 处发动机排气口对准正下方。除此之外，机体尾部的喷气口排出的喷气可以为飞机提供推力。

图片：JSF Program Office

2.5 洛克希德·马丁 X-35 战斗机

配备专门产生升力的机构

洛克希德·马丁公司的一号验证机的机型是 X-35A，2000 年 10 月 24 日于加利福尼亚州帕姆代尔首次试飞。同年 11 月 22 日，在完成了 27 次试飞任务后，洛克希德·马丁公司开始将 X-35A 改造为 X-35B，并于 2001 年 6 月 23 日通过了悬停坑井测试[⊖]，这次测试可以说是 X-35B 的首次试飞。同年 7 月 10 日，X-35B 首次进行了短距起飞后以超声速飞行并垂直着陆的飞行试验，试验名称为"Mission X"。

与 X-32B 不同，X-35B 的短距起飞及垂直降落能力源于专门用来提供上升推力的升力风扇（lift fan）和轴承旋转喷口。F-35B 战机很好地继承了这一特性，笔者会在 2.12 节为读者详细介绍其工作机制。

洛克希德·马丁公司生产的第二架 X-35 是舰载机型 X-35C。X-35C 于 2000 年 12 月 16 日首次试飞，为满足低速着舰的要求扩大了主翼部分，其面积从 $42.7m^2$ 提升为 $57.6m^2$。这种扩大化主要是通过延长外翼实现的，使机体翼展从 10.05m 延长至 10.97m。主翼的飞行操纵面分为内翼和后续添加的外翼两部分，前缘襟翼（flap）也分割为两处，后缘内翼与 X-35A/B 相同，均为襟副翼（flaperon）构造；后缘外翼则为副翼（aileron）构造。在实际运用时，舰载机型需要进一步强化降落装置，但由于 X-35C 的试飞环境是陆地，并非航母，所以和 X-35A 没有任何差别，为了削减经费，其起落架部分（Main land gear）仍然使用的是格鲁曼公司（Grunmman）的 A-6 型号。

⊖ Hover pit 意为"悬停坑井"，是专门用来测试悬停飞行的试验设施。 ——译者注

图中的 X-35B 战斗机正在洒满水的跑道上进行升力风扇与发动机喷口的扬水试验，其主要目的
是考察飞机发动机的吸水情况。　　　　　　　　　　　　　　　　图片：JSF Program Office

图为飞行中的 X-35C 战斗机。它进一步扩大了 X-35A 战斗机的主翼，而且在座舱（cockpit）后方设置
了升力风扇的安装空间和升力风扇专用门，不过似乎并未灵活运用。　　图片：JSF Program Office

2.6

系统研制及验证阶段

AA-1 与试验机"保罗"

如2.1节所述，2001年10月26日，洛克希德·马丁公司开始进行量产机型研发阶段的系统研制及验证（SDD，System Development and Demonstration）。双方签订了生产合同，准备制造14架用于飞行研发任务的飞行试验机以及8架地面试验机。

14架飞行试验机具体分为：常规着陆型（CTOL，Conventional Take-Off and Landing）战机F-35A 5架；垂直/短距起降型（STOVL，Short Take-Off and Vertical Landing）战机F-35B 5架；舰载C型（CV，Carrier Variant）战机F-35C 4架。地面试验机用于测试机身结构，每种机型各2架，再加上用于考察CV型舰载机着舰强度的F-35C坠落试验机1架，以及用于查证雷达反射截面积和雷达波反射特征的试验机"保罗"（与真实的F-35一样大小）1架，共8架。

不过，关于飞行试验机，官方认为"为削减经费，在各型号试验机进入实际生产阶段前，有必要对F-35的基本要素进行测试"，于是追加生产了1架试验机。这架试验机的机体规格与F-35A，即CTOL型F-35完全相同，但并不能代表F-35A，所以定名为AA-1。随着AA-1的加入，SDD的飞行试验机队伍增至15架，但后续推进过程中由于计划被修改等原因，最终生产出来的飞行试验机减为13架。

2006年12月15如，AA-1首次试飞，进入飞行测试阶段。2009年11月14日，AA-1结束了第91次飞行任务，完成了自己的使命。

图为后续追加的试验机 AA-1，用于在 SDD 测试 F-35 所有机型共通的飞行要素。其机体基本形
状与 CTOL 型战机 F-35A 相同，但纯粹用于机体研发试验的 AA-1 并没有雷达等传感器或武器系统。

图片：JSF Program Office

图为试验机"保罗"。它其实是一个与 F-35 战机实体大小相同的机身模型，用于测试 F-35 雷
达反射截面积等与隐身性能相关的各种参数。

图片：JSF Program Office

系统研制及
验证阶段的试验机

　　F-35 战斗机的 SDD 共有 13 架试验机，将"飞行"（flight）的单词首字母与型号字母组合在一起，分别命名为 AF（F-35A）、BF（F-35B）、CF（F-35C）。在此基础上添加生产顺序编号，形成"AF-01""BF-02""CF-03"等具体名称，可用于表示特定机体。这一命名方式也被美军的其他量产机型广泛沿用。除 AA-1 试验机外，其余 12 架 SDD 试验机的首次试飞时间记录如下：

① AF-01: 2009 年 11 月 14 日	⑦ BF-03: 2010 年 2 月 2 日
② AF-02: 2010 年 4 月 20 日	⑧ BF-04: 2010 年 4 月 7 日
③ AF-03: 2010 年 7 月 7 日	⑨ BF-05: 2011 年 1 月 28 日
④ AF-04: 2010 年 12 月 30 日	⑩ CF-01: 2010 年 6 月 7 日
⑤ BF-01: 2008 年 6 月 11 日	⑪ CF-02: 2011 年 5 月 16 日
⑥ BF-02: 2009 年 2 月 25 日	⑫ CF-03: 2011 年 5 月 21 日

　　在这之中，BF-02 于 2010 年 6 月 7 日以 1.07 马赫飞行，完成了 F-35 战机 SDD 试验机的首次超声速飞行。此外，BF-04 是首架搭载雷达等电子设备的 F-35 试验机，F-35A 的试验机 AF-03 也进行了同样的试验，电子设备搭载的初期试验和测试工作就是在这两架试验机上进行的。初期武器及武器舱相关测试工作在 AF-02 试验机上开展，这架试验机还用于进行机关炮射击测试。

图为 F-35A 战斗机的 SDD2 号试验机，AF-02。这张照片拍摄于 2010 年 4 月 20 日首次试飞时。
图片：洛克希德·马丁公司

图为在飞行过程中打开升力风扇舱门的 BF-01 试验机。除了用途较为特殊的 AA-1，BF-01 可以认为是 SDD 试验机中第一架进行试飞的。
图片：洛克希德·马丁公司

图为洛克希德·马丁公司生产的最后一架 SDD 试验机 CF-03。它于 2011 年 5 月 21 日完成首次试飞。到此为止，在大约 4 年半的时间内，13 架 SDD 试验机全部试飞。
图片：洛克希德·马丁公司

2.8 量产机型 F-35A 战斗机 ①

固定机关炮与受油口

　　F-35 战斗机的设计基础是面向美国空军开发的常规起降型战机 F-35A，F-35B 和 F-35C 都是它的派生机型。美国空军打算用 JSF 计划研发的 F-35A 战斗机换下洛克希德·马丁公司的 F-16 "战隼" 和仙童公司（英文名称为 Fairchild，意译为仙童）的 A-10 "雷电 2" 战斗机，还曾讨论 "用 F-35B 替换其中的 A-10 战机"，但 F-35A 和 F-35B 两种型号并用的方案太过浪费（特别是飞行操作培训和战术训练的支出），所以仅用 F-35A 替换的原计划保持不变。

　　F-35 的核心理念是在行动过程中保持高度隐身性。所以虽然机身外部设有挂载点，但军方更重视战机在不使用外设挂载点的条件下展开行动的能力。为此，设计者尽可能地增大了机体内部的燃料装载量。外挂副油箱会使战机的雷达反射面更大，而且会增大飞行时的空气阻力，所以 F-35 需要在不使用外挂副油箱的条件下获得更大的作战半径。扩容后的 F-35 可在机体内部装载 8278kg 燃料，是 F-16C 的 2 倍多（3985kg）。这使 F-35A 的作战半径超过了 590nm（海里）[⊖]。

　　F-35A 战机在左侧主翼与机身的结合处内置了一门固定式 GAU-22/A 25mm 口径 4 炮管加特林机关炮，在 3 种型号中独树一帜。这也是为了满足美国空军的独特要求，他们想把机关炮作为内置固定武器使用。此外，由于机关炮的口径较大，是较为明显的雷达反射源，所以设计者在炮口处安装了屏蔽罩，用以减小雷达反射面，不过该屏蔽罩会在机关炮射击时弹开。由于美国空军使用飞桁式（Flying Boom）空中加油法，所以 F-35A 在机身背部中心处设置了一处受油口，这也成了一个很明显的区分特征。

　　　⊖　1nm=1.852km。　——译者注

图为正在编队飞行的美国空军 F-35A 战斗机。由于左侧主翼与机身的结合处内置 25mm 口径机关炮,所以该处可以看到呈细长形状的隆起,那便是整流罩。

图片:美国空军

图为正在进行空中加油的 F-35A 战斗机。加油机 KC-135R 将伸缩套管插入 F-35A 机体背部中心处的受油口,F-35A 就是从这里获得燃料补给的。在配备 F-35 的美军中,只有空军使用这种空中加油方式。

图片:美国空军

量产机型 F-35A 战斗机 ②

只有意大利同时引进了 F-35B 战斗机

第一批正式装备部队的 F-35 量产机是美国空军的 F-35A。自 2011 年 7 月起，除了试验部队，空军教官的培训及后续飞行员训练任务都在佛罗里达州恩格林空军基地的第 33 联队进行，配合维修员培训任务一同开展。

此外，第 33 联队也是美国海军陆战队及海军飞行员的综合训练中心。在正式装备 F-35B 和 F-35C 战斗机之前，美国海军和海军陆战队飞行员将使用 F-35A 战斗机进行操作训练，作为训练部队[⊖]暂时编入该联队。目前，海军陆战队已返回原基地，空军则正在编制正式训练部队。美国空军及其他 F-35 战斗机使用国的维修员将继续在恩格林空军基地接受教育。

由于 F-35A 是 F-35 战机的设计基础，所以引进 F-35 的其他国家大都选择了该型号。不过空军与海军共用战机的英国是个例外，它只引进了 F-35B 战机。此外，意大利空军决定引进 60 架 F-35A 和 15 架 F-35B，海军也打算引进 15 架 F-35B。截至目前，除了以上两个国家，其他 F-35 使用国都是只引进了 F-35A。

笔者将在第 6 章为读者详细介绍其他的 F-35 战斗机使用国。截至 2018 年 3 月，除了已确定配备 F-35A 的美国，其他 10 个 F-35 使用国中，有 8 个国家已经开始收货了。它们分别是：英国、意大利、日本、荷兰、澳大利亚、挪威、丹麦、以色列。第 9 个国家则是韩国，它在 2018 年 3 月收到了向美国购买的 F-35 一号机。

⊖ 执行训练任务，培训士兵的部队。　　——译者注

● **F-35A 主要数据**

宽度：10.67m　全长：15.67m　高度：4.38m　水平安定面宽度：6.86m　主翼面积：42.7m²
空载重量：13290kg　最大起飞重量：31752kg　发动机：F-135-PW-100（1 台）　机体内燃料重
量：8278kg　最大飞行速度：1.6 马赫　武器最大装载量：8165kg　作战半径：1093km 以上
航程：2200km 以上

图片：美国空军

55

　　F-35B战斗机在研发之初的定位是美国海军陆战队垂直/短距起降型战机AV-8B"鹞2"的换代机型，所以海军陆战队要求它具备STOVL（垂直/短距起降）性能。研制出世界首架实用型垂直/短距起降战机的英国，也是出于用F-35B换下英国空军及海军"鹞"式战机的目的，才在JSF项目设立之初就深度参与其中的。

　　"鹞"式战机可以在执行任务时垂直起飞，但这种起飞方式需要耗用较大油量，所以会制约战机的燃料容量及武器装载量，间接削弱战斗能力。而短距滑行起飞时主翼会提供一定的升力，所以相比垂直起飞间接增大了战机的燃料容量和武器装载量。为此，"短距起飞后垂直着陆"的顺序成为这一性能的标准使用方式。所以STOVL的叫法更加严谨地表现了这种飞机的飞行模式。

　　不过为了实现STOVL性能，"鹞"式战机与F-35B采用了完全不同的系统。"鹞"式战机在发动机上安装了4处旋转式喷口，可通

这是美国海军陆战队的上一代战机AV-8B"鹞2"（左）以及正和它编队飞行的F-35B。AV-8B是获得"鹞"式战机特许生产权的麦克唐纳·道格拉斯公司（现波音公司）为大幅提升"鹞"式战机性能而开发的战斗机。它的优良性能受到了英国空军的认可，被引进使用。后由英国宇航系统公司（现BAE系统公司）生产，曾一度向美国逆向输出相关技术。

图片：美国海军陆战队

过各喷口同时换向改变喷气方向，进而实现短距起飞、悬停飞行、垂直着陆等飞行动作。与之相比，F-35B 则将旋转式发动机喷口和向下喷气的升力风扇组合到一起，以实现相同效果，这种发动机喷口设计是在效仿苏联超声速战斗机雅克141"自由"，但雅克141并未正式装备过军队，所以 F-35B 可以说是第一架实践这种喷气设计布局的 STOVL 战斗机。

量产机型 F-35B 战斗机 ②

方案验证机几乎没变

洛克希德·马丁公司的方案验证机 X-35 完成度很高，以至于在生产 SDD 试验机（系统研制及验证机）时几乎没有任何设计改动，而这种试验机正是量产机的生产基准。举个例子，从 X-35A 到 F-35A 战斗机，具体变动只有：延长机身前部约 12.7cm，用于扩大电子设备和传感器设备的装载空间；配合机身前部延长的设计变动将水平安定面向后方移动大约 5.1cm；加高机身背部约 2.5cm 以增加机身内部燃料容量；为改善机身的空气动力学特性微调了垂直安定面位置等。这些变动都是肉眼无法辨识的微小差别。

但 F-35B 战斗机有一处较为明显的调整：将升力风扇专用两开舱门改为后方铰链式单开舱门。这是为了进一步简化机身结构，同时也为机体减轻了重量。量产后的 F-35B 继承了这一改动。

此外，除了装有用于垂直/短距起降的功能性系统之外，F-35B 与 F-35A 的机体框架别无二致。根据公开数据，F-35B 的机身长度要比 F-35A 短 6cm 左右，水平安定面的宽度也少了 22cm。不过这只是在各项试验过后，为解决悬停飞行时的稳定性问题而进行的对垂直尾翼和水平尾翼的微调而已。

不仅如此，由于安装了 STOVL 系统，机身重量增加了。所以机身内部的燃料容量和武器最大装载量相应地减少了。特别是在机身内部燃料容量方面，F-35B 装备的升力风扇使容量进一步减少。

辅助舱门　　升力风扇专用舱门

正在美国黄蜂级两栖攻击舰上进行着舰动作的 F-35B 战斗机。升力风扇专用舱门是后方铰链式单开舱门。后部的辅助舱门仍为双开式，这一点与 X-35B 战斗机相同。　　　　图片：美国海军

● F-35B 主要数据

宽度：10.67m　　全长：15.61m　　高度：4.36m　　水平安定面宽度：6.64m　　主翼面积：42.7m²
空载重量：14651kg　最大起飞重量：31752kg　发动机：F-135-PW-600（1 台）　**机体内燃料重量**：6214kg　最大飞行速度：1.6 马赫　武器最大装载量：6804kg　作战半径：833km 以上
航程：1667km 以上　　　　　　　　　　　　　　　　　　　　　　　　　图片：美国海军

F-35B 战斗机最显著的特征就是能够以极短的起飞距离起飞，而且可以像直升机一样进行悬停飞行或垂直降落动作。当然，垂直起飞也不是难事。为了实现这一性能，F-35B 在飞行员座舱后部装备了可用于产生强大升力的升力风扇，而且还采用了三轴承旋转式发动机喷口，可将喷气方向从正后方调整为正下方。

升力风扇为两段式构造，通过齿轮传导发动机转轴的动力，带动风扇旋转。此外，由于升力风扇只需要在发挥 STOVL 功能（短距滑行起降与垂直起降）时使用，所以专门配置了离合器，使升力风扇只会在连通离合器时运转。在升力风扇安装部位，机身上方设有风扇进气口专用门，下方设有风扇气流喷口专用门。

其中，发动机采用的轴承旋转喷口设计源于苏联技术，已经在飞行试验中积累了很多成熟经验。结构虽然复杂，但由于系统整体轻便简洁，所以洛克希德·马丁公司特意买下

俯视角度下的升力风扇。通过向下喷射强力气流为机体提供强大升力。　　图片：美国海军

了这套系统，并加以使用。

　　使用这种发动机喷口的另一个好处就是，可以采用与其他发动机相同的方式安装用于超声速飞行的加力燃料室（Afterburner），这使F-35战斗机的三种型号在这一方面具备了共同点。不过在F-35B的发动机喷口完全调整至正后方朝向之前，它的加力燃料室是无法点火启动的。

图为升力风扇模型。这种升力风扇由英国的劳斯莱斯（Rolls-Royce）公司设计。风扇自身靠发动机转轴驱动，由于转轴呈水平角度，所以需要嵌入垂直传导动力的齿轮。图片：青木谦知

图为三轴承旋转式发动机喷口的模型。这种设计源于苏联技术，当时苏联是为雅克-141 战斗机使用的 R-79V-300 型涡扇发动机研制的。

图片：青木谦知

F-35B战斗机的STOVL技术使用了升力风扇与旋转式发动机喷口相结合的方式，但它的竞争对手波音公司X-32以及世界上第一架实用化V/STOL战机——"鹞"式战斗机都使用了直接升力方式。这种方案仅靠改变飞机发动机喷气方向实现短距起飞、悬停飞行以及垂直降落动作。

"鹞"式战机废除了发动机后方的喷气口，在发动机本体左右两侧各设置2处旋转式喷气口，通过这些喷气口的同时动作改变喷气方向。该发动机向后方喷气则飞机向前飞行，向正下方喷气则飞机可以悬停飞行或垂直降落。由于这些喷口不仅能调整为正下方朝向，还能微调至斜前方朝向，所以这种战机也能完成"倒退飞行"。虽然技术人员也为这种喷气方案研发了等同于加力燃料室的推进系统，但现实中很难实用化，所以业界的普遍看法是"战斗机在这种设计方案下几乎无法实现超声速飞行"。

X-32战机在发动机本体中心部位的下方设置了2处活动喷口，可通过喷口动作实现STOVL性能。另一方面，与"鹞"式战机不同，X-32保留了发动机后方喷气口，所以可以安装加力燃料室。

此外，它在喷口上下方设置了挡板，挡板可以上下活动，组成二元矢量喷口。这种设计不仅在X-32滑行起飞时发挥效果，还能在着陆时辅助战机减速。

"鹞"式战机使用的飞马军用涡扇发动机由劳斯莱斯公司研制。发动机本体上的孔洞用于安装旋转式发动机喷口。　　　　　　　　　　　　　　　　　　　　　图片：美国海军

图为通过发动机旋转喷口朝下喷气获得悬停飞行升力的 AV-8B "鹞 2"战机。作为第 2 代战机的"鹞 2"采用了零倾角喷口形状设计，大大提高了发动机喷气的使用效率。　　图片：美国海军

2.14

F-35B 战斗机的短距起降系统 ②

足以轻松悬停的推力

　　除了此前介绍的升力风扇，F-35B的推进系统还采用了控制滚转喷口设计，在战机悬停飞行或垂直着陆时对飞机姿态进行微调。这种控制滚转喷口将飞机发动机的旁路（Bypass）引气从左右主翼下方的排气口导出，该喷口是由飞行控制电脑根据机身所处环境和飞行员操作指令自动调整的，排气口的开合门则是通过液压系统带动的。

　　F-35B战斗机悬停飞行时需要的推力大约为173.5kN。但在实际工作中，战机发动机排气口提供推力80kN，升力风扇提供84kN，左右控制滚转喷口共提供16.5kN，总计提供推力180.5kN，轻松超出173.5kN的标准推力。

　　此外，升力风扇底部喷口使用了可调节的叶片，可以对喷出气流进行控制和调整。而升力风扇的喷出气流可以"屏蔽"飞机后方发动机喷气，防止后方喷气被卷入机体前方，从而避免了发动机从前方吸入热空气后工作效率降低的问题。

　　AV-8B"鹞2"战机可根据实际需要安装升力强化装置（LIDs，Lift Improvement Devices），这种装置用挡板储存被卷入机体下方的空气，并将之转化为升力。而在F-35B战机上，发挥这一作用的是武器舱舱门。所以在实际使用中，F-35B的武器舱舱门会在悬停飞行或是垂直着陆时自动开启。

仰视角度下的 F-35B 战斗机。可以看到发动机喷口尚未完全朝下，因而猜测这张照片可能是在 F-35B 即将进入悬停飞行姿态时拍摄的。武器舱舱门尚未打开，左右主翼下方中央处的开口部分是控制滚转喷口的排气口。图为 SDD 2 号机，BF-02。

图片：洛克希德·马丁公司

2.15 量产机型 F-35C 战斗机

配有舰载战斗机不可或缺的装备

　　和F-35战斗机其他型号一样，F-35C也是以X-35C为基准的。由于X-35C完成度高，所以后续设计变更较少，这一点也和其他型号一样。不过，为了尽可能降低着舰速度，F-35C稍稍扩大了主翼尺寸，主翼宽度从X-35C的10.97m扩大至13.11m；主翼面积也从X-35C的57.62m²扩大至62.1m²。

　　除此之外，作为一种舰载机型，F-35C理所当然地强化了不可或缺的降落装置和周边区域的结构，使用双轮式主起落架，安装飞机弹射器启动杆以及质地坚固的着舰拦阻钩，同时为节省舰船空间采用了可折叠主翼。在研发初期，F-35C在上述方面产生了一些问题，例如"飞机弹射器启动杆下降位置不充分"，"拦阻钩无法钩紧拦阻索"，"战机配备的拦阻钩无法完整收入机舱内"等。但这些问题得到了及时改正，并且在新泽西州的麦奎尔·迪克斯·莱克赫斯特联合基地反复进行了多次舰上起飞及降落的模拟试验。

　　此外，F-35C削减了SDD的试验机生产数量，只生产了3架试验机，以至于不得不使用早期生产的量产机进行追加飞行试验。虽然其他型号也有这种情况，但F-35C的问题更加明显。不仅如此，截至2016年，官方已经认可了其他两种型号完成限定作战任务的能力，但F-35C预计要到2018年10月（最晚至2019年2月）才能实现这一目标。

● F-35C 主要数据

宽度：13.11m（折叠时为 9.47m）　全长：15.70m　高度：4.48m　水平安定面宽度：8.02m
主翼面积：62.1m²　空载重量：15785kg　最大起飞重量：31752kg　发动机：F-135-PW-400（1 台）
机体内燃料重量：8959kg　最大飞行速度：1.6 马赫　作战半径：1111km 以上　航程：2222km
以上　武器最大装载量：8165kg　　　　　　　　　　　图片：洛克希德·马丁公司

"德怀特·D. 艾森豪威尔"号航母上主翼已折叠的 F-35C 战斗机。为节省舰上空间采用的可折叠
主翼可以说是 F-35 战斗机中的 F-35C 所独有的，机翼折叠后的宽度甚至要短于 F-35A 和 F-35B。

图片：美国海军

2.16 F-35C 战斗机的强度测试

舰载战斗机格外追求强度

航母舰载固定翼飞机在着舰时会产生强烈的震动（尤其是降落装置）。其实即便是在地面飞机场降落，起落架滑轮在接触跑道时也会多多少少地受到冲击，但舰载机着舰时需要将拦阻钩套到拦阻索上，此时的舰载机会以类似于"拍击"的方式落到甲板上，而且在停止滑行前会一直被拦阻索拖拽。而技术人员认为"如果要进一步缩短滑行距离，就不得不增加这种触底（Touch Down）冲撞的剧烈程度"。从这种角度来说，人们甚至将舰载机着舰的过程形容为"可控的坠机"。

由于除F-35C战斗机以外的其他型号不需要机身各部位承受如此剧烈的冲击力，所以坚固的机身构造是舰载机型F-35C独有的。因为F-35设计方案要求尽可能地简化，而机身重量是会随着机体结构的简化减轻的。为了检测机体强度，F-35C有专门的强度试验机，具体测试内容则是"让机体从2.4m高处以6.1m/s的速度坠落，要求机体能够承受这种冲击力"。这项测试作业已在2010年6月彻底结束。

笔者在前文提到过，F-35战斗机每种型号都有专门用于测试机身强度和疲劳度的"构造试验机"，并分别命名为AG-01、AG-02；BG-01、BG-02；CG-01、CG-02。用于测试着舰强度的试验机叫作"坠落试验机"，原本应该命名为CG-03，但不知道什么原因，在各种资料中都未出现这个名字。

此外，着舰时用于减小冲击力的起落架缓冲装置也十分重要，F-35C在这一方面也配备了不同于F-35其他型号的缓冲装置，可以减小冲击力。

舰载机型 F-35C 独有的"坠落试验机",用于测试降落装置的强度。

图片：JSF Program Office

刚刚在航母甲板上着舰的 F-35C 战斗机。这一过程也被形容为"可控的坠机"。

图片：美国海军

2.17 各类飞行试验 ①

飞行特性、空中加油等

　　飞机研发需要进行多种飞行试验项目，分阶段向设计极限接近。用于保证战机作战能力的部分称为"Mission Software ⊖"，是为执行作战任务开发的软件，也在试验中不断升级，笔者将在第四章详细介绍。所谓"飞行试验"，首先要检测战机基本的可操作性和对操作指令的反应情况，如果没有问题，试验会向飞行领域延伸。这种延伸多是让战机逐渐接近设计目标中的飞行速度和飞行高度。在此基础上会进一步测试起飞和降落性能、最小操纵速度等参数。除此之外，测试也会分阶段地提升难度，逐渐上升到飞行敏捷性这一高度，例如飞机旋转能力等运动性能。

　　经过以上测试，确认了战机的基本飞行能力，就会进一步测试战机尾旋等特性及其调整情况，到此为止，飞行试验已进入尾声。从这些基础的飞行特性试验中收集得来的信息和数据会用于制作飞行手册（Flight Manual）。在偏离特性试验中，为防止飞机失控情况，技术人员会为战机配备减速伞（parachute），失控时便打开减速伞，使飞机暂时处于悬空状态，待机体稳定后切断伞线，重新开始飞行，这是所有战机共同采用的方案，F-35也在各型号战机中选取一架战机进行装备。但在近年来的战斗机研发工作中尚未见过使用了减速伞的实例，F-35也是一样。作战行动的相关试验也和上述试验一同开展，但涉及的飞行测试也仅限于初期阶段已确认并验证过的部分。

⊖　直译为"任务软件"。　——译者注

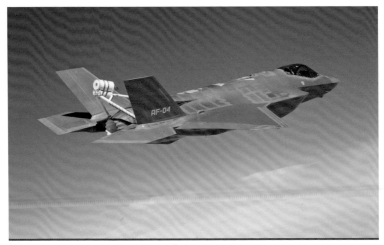

图为 F-35 战斗机，机身后部装的反尾旋伞[○]。F-35 每种型号都有一架战机装有该伞。

图片：洛克希德·马丁公司

不仅是美国空军的 KC-135 和 KC-10 加油机，美国军队的其他机型也参与了空中加油试验。图中美国海军试验部队 VX-20 的 KC-130R 加油机正采用锥管 – 锥套式（Probe and Drogue）空中加油法为两架 F-35C 战斗机加油。

图片：美国海军

○ 反尾旋伞是在飞机大攻角飞行万一失速进入尾旋时，帮助飞机恢复正常状态，应该是前文所述减速伞的替代装置。——译者注

只要达到一定飞行高度，F-35即使出现失速情况也可以自动恢复正常飞行姿态，它装载的地面防撞系统（GCAS，Ground Collision Avoidance System）可以实现这一性能，大大提高了飞行安全性。

F-35A 试验机 AF-06 在进行 GCAS 试验时的连拍照片。

图片：洛克希德·马丁公司

试验机 CF-08 进行 GCAS 相关试验时
的连拍照片。虽然型号不同，但与上
页的连拍照片并无不同。这间接表明
F-35A 与 F-35C 的偏离特性很相似。
此外，F-35B 并未公开发布此类照片，
是否进行了 GCAS 有关试验不得而知。

图片：洛克希德·马丁公司

对武器使用能力的确认是战斗机研发工作的重点之一。F-35战斗机所有型号都具备兼顾空对空与空对地两方面的作战能力，计划装载的武器也种类繁多。近年来，武器系统与武器自身都在活用尖端技术，复杂性大大增加。用于控制上述部分的系统是"Mission Software"（以下统称为任务软件），可由于这种系统难以在最初阶段面面俱到，所以便增加了可以升级使用的功能。

在武器试验中，首先会对每种武器进行发射或投掷的模拟试验，再确认武器是否可以顺利地从机体分离，随后再进入实际场景下的发射与投掷试验。当然，在此之前必须完善与之相匹配的任务软件部分。此外，战斗机在多数情况下需要用雷达等各类传感器发挥武器制导作用，但由于F-35可通过任务软件升级实现传感器功能，所以F-35初期阶段搭载的传感器性能有限。

为了保持高度隐身性，F-35将大部分武器弹药放置到机体内部的两处武器舱内。所以试验环节先要测试舱体是否能完整收纳这些武器弹药，然后再依次进行地面附近的跌落试验、空中分离试验，最后进入投掷、发射试验。不过截至2018年上半年，这些工作尚未完成。

除美国外的其他F-35使用国大都决定采用与美国空军相同的武器。但英国很早就决定将部分空空导弹和激光制导炸弹替换为自主研发产品。关于这些英式武器，初期试验作业是通过F-35B的SDD试验机在美国进行的。

图中的 AF-01 战机正在进行从机体武器舱内放出 AIM-120 先进中程空对空导弹的试验。在确认分离阶段无问题后就会进入正式的发射试验。图中机体及导弹上的圆点是分析照片时使用的标志。
图片：洛克希德·马丁公司

图中的 F-35 战机已打开武器舱舱门，可以看到左右武器舱内挂有炸弹。这种制导炸弹是 GBU-31 联合制导武器的仿制品。
图片：洛克希德·马丁公司

2.20 各类试验 ②

舰上试验

以舰船为发起点开展作战行动是美国海军F-35C战斗机与海军陆战队F-35B战斗机的技术基础。美国海军使用航母作战，海军陆战队则使用两栖攻击舰作战，所以这两种型号的F-35在开发试验阶段必须测试它们与航母及两栖攻击舰的适配性，这一点尤为重要。为此，F-35B与F-35C在试验过程中使用了相关舰船与之配合。

首先进行的是飞机以起飞与着舰动作为代表的基本使用测试、高密度电磁环境下（仅限于舰船配备的管制雷达等设备产生的舰船周边的电磁覆盖区域）的抗干扰测试等研发性试验（DT，Development Test），随后又进行了与其他机型的互换性测试、武器使用测试等操作性试验（OT，Operational Test）。OT阶段的F-35C曾在武器搭载左右不对称的条件下进行起飞与着舰测试。

所谓DT与OT，在具体推进过程中又分为多个阶段，F-35B与F-35C分别进行了3次DT（DT-Ⅰ至DT-Ⅲ）与1次OT（OT-Ⅰ）。其中，F-35B在DT-Ⅲ以外的其他阶段都使用黄蜂级两栖攻击舰配合进行测试，在OT-Ⅰ结束后顺利获得有限作战能力认证。

而F-35C则在每次试验中使用了不同的航母与之配合，而且被认为需要进行后续改进。这主要是因为美国海军的新型航母——杰拉德·R.福特级航空母舰一改此前依靠蒸汽推力的蒸汽弹射装置，改用了以电磁感应力为工作动力的电磁弹射装置（EMALS，Electromagnetic Aircraft Launch System），这种电磁弹射装置的动力源是直线电机（Linear motor）。关于EMALS，美军曾在麦奎尔·迪克斯·莱克赫斯特联合基地的地面模拟系统进行了有关试验，试验中使用的飞机是FC-03，但实际舰船上的试验仍然需要进行。

图为正处于 DT-I 阶段的 BF-02 战机。它正从黄蜂级两栖攻击舰上短距滑行起飞。

图片：美国海军

图为 DT-Ⅲ阶段的 F-35C 战斗机，图中的 F-35C 正摆放在"乔治·华盛顿"号航空母舰上。参与 DT-Ⅲ阶段的还有正在培养 F-35C 飞行员的美国海军舰队训练部队的战机。　图片：美国海军

滑跃式甲板

让较重机体短距升空的主意

在舰船上使用STOVL战机时，为了让舰载机可以在重量较大的条件下短距滑行起飞，人们设计出了前端略微上扬的甲板。由于甲板前端向上弯曲的形状酷似滑雪板前端，人们将这种甲板命名为"滑跃式甲板"。这种甲板由英国发明，英国和意大利两国都拥有采用"滑跃式甲板"设计的轻型航母，用以作为F-35B战斗机的移动基地。但美国的两栖攻击舰似乎并不考虑安装这种甲板。

正使用模拟滑跃式甲板的试验台进行起飞试验的 BF-04 战机。这是设置于马里兰州帕塔克森特河海军航空站的试验台。

图片：美国海军

第三章

技术指南

本章主要介绍 F-35 的机身结构、采用的隐形技术、机身装载的各类系统、驾驶座舱等各方面的技术特征。

图片：洛克希德·马丁公司

3.1 F-35 战斗机的隐身性能 ①

仅次于 F-22 战斗机的雷达反射截面积

作为五代机，隐身性是 F-35 战斗机的显著特征之一。所谓隐身性，是指难以被各种探测手段发现的特性，但在航空领域主要指难以被雷达发现。而高隐身性，也就是躲避雷达探测的能力，已逐渐成为现役战斗机不可缺少的性能。

隐身性可以用雷达反射截面积（RCS，Radar Cross Section）来衡量。现代航空领域有很多可以用来减小 RCS 的技术，例如正在研发的可以吸收雷达波的机身结构和特殊涂料等，除此之外，在机身整体设计中减少 RCS 也很重要。较为有效的设计手法有很多，例如对于战斗机主翼与尾翼的后掠角以及机身各部位板材接合处的角度，应尽可能地统一至特定值，进行 "edge management ⊖"；适当弯曲发动机前方进气口连至发动机本体的管道（Duct），使雷达波难以触及发动机正前方，进而削弱 RCS；加工覆盖驾驶舱的座舱罩，为其添加特制镀层等。当然，这些技术都在 F-35 身上得以应用。

F-35A 的 RCS 推测在 $0.005 \sim 0.015 m^2$ 范围内。这个区间不仅远远小于日本航空自卫队重型双发式主力战斗机 F-15 的 $10 \sim 25 m^2$ 区间范围，更优于中型单发战机 F-16 所能达到的 $5 m^2$（F-16 战机的强化版可将 RCS 降低至 $1 \sim 2 m^2$）。据说在现役战机中，只有 F-22A 的 RCS 值小于 F-35A。

⊖ 直译为"边缘处理"。 ——译者注

图中的 F-35A 正与同为五代机的 F-22A"猛禽"编队飞行。两种战机都具备高隐身性，但 F-22A 在机身结构及材质方面对隐身性的追求要更彻底，所以 F-35A 虽然是继 F-22A 之后研发的单发中型战机，但 RCS 反而大于 F-22。　　　　　　　　　　　　　　　　　　　　　图片：美国空军

虽然 F-35 的机身尺寸大于 F-16，但二者同为单发中型战斗机。机身较小当然有利于减少 RCS，但如果像图中的 AF-04 战机那样使用了主翼下方的外挂架，挂载了空空导弹，那么 RCS 会变大。
　　　　　　　　　　　　　　　　　　　　　　　　　　　　　　　图片：美国空军

　　据说，F-35战斗机的RCS之所以会大于重型双发战机F-22，主要原因之一就是主翼与尾翼前、后缘等机身边缘部分未采用吸波材料和吸波构造。而F-22积极地采纳了以上技术，因而大大拉高了机体价格，考虑到这一点，旨在打造经济性隐形战机的F-35研发计划未能加以效仿。而且以美国的同盟国为中心，今后的F-35很可能作为国际化战斗机被这些国家输出到世界各国，所以美国认为该战机采用的隐形技术应该"适可而止"。

　　另一方面，洛克希德·马丁公司也在F-35身上投入了首次实用化的新技术。这种技术叫外模线控制（Outside Mold Line Control），其核心是降低机身整体的板材接合处所造成的雷达反射。具体来讲，这种技术对机身的板材接合处进行精细加工，努力使这些部位不产生任何高度差，尽可能地完善机身线条，使它更加"光滑"，同时又使用吸波材料（RAM，Radar Absorbent Material）在接合处进行特制镀层加工。有照片显示，在一定光照条件下，F-35的板材接合处呈现出清晰的线条，这正是得益于外模线控制技术。

　　此外，F-35的发动机进气口部位采用了无附面层隔道超声速（DSI，Diverterless Supersonic Inlet）进气道设计方案。这种设计方案去掉了超声速飞行时用于避免气流冲击的附面层隔道，虽然这让F-35的飞行速度难以超过2马赫，但RCS却大幅度减小。

图为正在编队飞行的 F-35B 战斗机。可以看到采用了外模线控制（Outside Mold Line Control）技术的 F-35 在机身的板材接合处用 RAM 进行了镀层加工。

图片：美国海军

F-35 战斗机的发动机进气口只是在开口处的机体两侧设计了一种"鼓包"，这就是无附面层隔道超声速进气道（DSI 进气道）设计。消除了开口处与机身之间的隔道后，可以有效减少机身的雷达反射源。F-35 战斗机的所有型号都采用了这种设计方案。图为 F-35B 战斗机。

图片：美国海军

机体结构与制造分工

机体大致分为前部、中部、后部

F-35战斗机的机身属于常规布局，机体大致分为前部、中部、后部。机体前部包括驾驶座舱，中部带有主翼，在主翼与机体接合处还设有进气口。后部包括2个垂直尾翼和左右水平尾翼，中部的后半段和后部机身的内部空间大都被发动机占用。F-35B的升力风扇在中部，被设置在发动机前方不远处。

F-35的生产制造由多个国家的航空产业制造商共同完成，这些制造商大都参与了F-35的研发工作，每家企业都负责生产自身较为擅长的飞机组件，以达成分工合作。

其中，美国的洛克希德·马丁公司负责生产F-35所有型号的机体前部。机体中部原本由诺斯罗普·格鲁曼公司负责生产，但该公司已经和土耳其的TAI公司签订外包合同，由TAI公司生产订单中的一部分。除了初期产品，TAI公司生产的机体组件将用在为土耳其空军订制的F-35A上。机体后部由英国的BAE系统公司负责生产，其中包含的垂直尾翼和水平尾翼则由BAE系统公司外包给其他企业。战机主翼则由意大利的莱昂纳多公司与洛克希德·马丁公司负责生产。

上述机体各部分将被送往美国（得克萨斯州沃思堡市）、日本（名古屋市）、意大利（米兰市），进行总装检修工作（FACO，Final Assembly and Check Out），最终制成F-35成品。其中，名古屋的F-35向日本交付，米兰的F-35则向意大利交付。

图为洛克希德·马丁公司旗下的得克萨斯州沃思堡工厂正在生产的 F-35 战斗机机体前部。F-35 各类型号的机体框架有些许不同，但机体前部是通用的。

图片：洛克希德·马丁公司

诺斯罗普·格鲁曼公司旗下的加利福尼亚州帕姆代尔工厂正在生产的 F-35 机体中部。图中的 AX-05 机体中部已经完工，正在接受交货前的例行检查。 图片：诺斯罗普·格鲁曼公司

3.4 主翼特征

可实现高机动飞行的机翼

F-35A与F-35B战斗机的主翼基本相同，F-35C的主翼翼展则有所扩大，面积也相应增加，而且在外翼和内翼的分界处设置了可折叠机构，使外翼部分可以向上弯折。

F-35的主翼采用了梯形机翼,越向远端延伸则机翼越细。其中，F-35A的主翼前缘后掠角（Sweptback Angle）为34.13度，四分之一弦长处后掠角为24.16度，后缘前掠角（Sweptforward Angle）为13.01度。翼缩比（翼尖部位沿机体轴线方向的机翼长度与翼根部位沿机体轴线方向的机翼长度之比，用以表示机翼弦长向远端渐缩的程度大小）为0.243。

主翼后缘带有襟副翼（flaperon），既能像副翼（aileron）一样用于辅助进行横滚操作，又能像襟翼（flap）一样可以在低速飞行时为战机提供升力，兼具两者的作用。而前缘襟翼可使战机在空战时发挥更高的机动性，实现过失速机动。

F-35A/B两种型号的主翼前缘各带一整张尺寸较大的襟翼，但在F-35C的机身上，这部分前缘襟翼和后缘一样被主翼的可折叠机构分割成两段。目前尚无关于前缘襟翼的详细公开资料，但这种襟翼应该和F-22一样，不仅可以下调，也可通过上调操作避免战机发生飞行偏离。

图为洛克希德·马丁公司旗下的沃思堡工厂所生产的F-35A战斗机的主翼外板。F-35战斗机的主翼由洛克希德·马丁和意大利莱昂纳多两家公司负责生产。　　　图片：洛克希德·马丁公司

F-35 战斗机的主翼配置在机体中段，从高度上来看也处于上下表面的中间部分。主翼与机体上表面以半圆曲线的形状相连，视觉上呈现出近乎完美的融合效果。　　　图片：洛克希德·马丁公司

　　F-35战斗机的尾翼由双垂直尾翼（垂直安定面）和水平尾翼组合而成，垂直尾翼后缘带有可用于航向轴操作的方向舵（rudder）。水平尾翼为全动式，除了可发挥用于俯仰轴操作的升降舵作用，还可通过左右尾翼反向运动辅助战机进行横滚轴操作。

　　F-35A的左右垂直尾翼总面积大约为$7.95m^2$（除去方向舵），前缘与后缘的翼缩比大约为0.590。左右水平尾翼的总面积大约为$11.59m^2$，其前缘后掠角及后缘前掠角与主翼相同。

　　F-35C不仅扩大了主翼，其尾翼设计也随之改动，大于其他F-35型号，具体面积数值尚未公开，但水平尾翼向外延伸，对比F-35A的6.86m与F-35B的6.65m，已加长至8.02m；垂直安定面则向上延伸，在全高数值方面，对比F-35A的4.38m和F-35B的4.36m，F-35C已加高至4.48m。

　　F-35B的水平尾翼宽度之所以比F-35A稍短，主要是为了确保战机的悬停飞行性能并适度减轻机身重量。特别是F-35B的垂直尾翼上部，与F-35A相比也是略微砍掉了一小段。

　　垂直尾翼与水平尾翼之间是机体后部的最后方，那里设置了发动机喷气口。F-35A在这一部位的下方配置了简易的制动拦阻钩，F-35C则在同样部位配置了坚固的着舰拦阻钩，F-35B并未配置拦阻钩，而是为适应喷气口朝下的情况专门设计了可以左右开合的部件。

F-35 战斗机采用了双垂直尾翼设计，左右垂直尾翼略微外倾。　　　　　图片：青木谦知

安装全动式水平尾翼的水平高度与主翼相近但略高，尾翼前缘在主翼后缘之上。

图片：洛克希德·马丁公司

3.6 飞行控制系统

功率电传（Power by wire）

F-35战斗机的飞行操纵装置是彻头彻尾的电子控制系统，使用了计算机技术，其构成与其他使用了功率电传操纵系统的电传航空飞机大致相同。

功率电传系统由飞行员使用操纵杆及方向舵踏板输入指令，飞行操纵计算机则会收到相应的电信号，进而判断飞行员操作意图。不仅如此，计算机还会考虑到机体所处的大气情况（包括风向、风速等）和飞行状态数据等要素，进而输出与飞行员操作意图相匹配的信号，控制各舵面转动。

这种转动一般需要通过液压传动装置带动舵面，但F-35使用的是电力传动装置，而且其内部配有独立的电动液压系统。这种执行元件名为电动静液作动器（EHA，Electro Hydrostatic Actuator）。由于EHA既可使用电力驱动也能使用液压驱动，所以即便电力系统发生故障也能确保飞行操纵顺利进行。

F-35的飞行操纵面由主翼后缘襟副翼和全动式水平安定面、垂直安定面后缘方向舵构成。其中，只有方向舵使用了单系统EHA，襟副翼和水平安定面则使用了双串式（Dual-Tandem）系统EHA。此外，F-35C的外翼后缘带有独立副翼，该副翼也使用了单系统EHA。这些操纵系统统称为"功率电传"。

■ F-35 战斗机飞行操纵装置构图

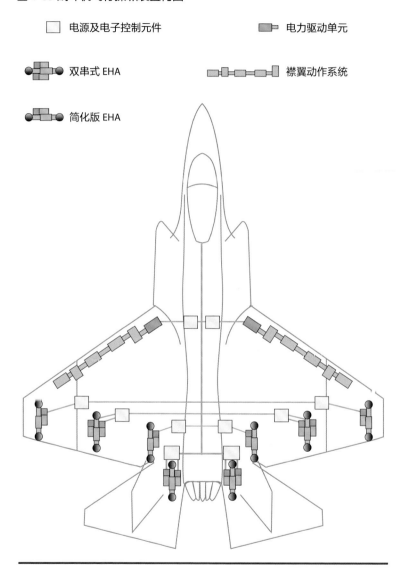

F-35 战斗机使用功率电传飞行操纵装置的最大优点就是去除了占用空间较大且重量较重的液压系统。由于不需要维护液压系统，所以维修经费得以削减。不过，F-35 也不可能完全脱离液压系统，在武器舱舱门开闭装置和降落装置升降时依然需要用到它，除此之外，F-35C 的主翼折叠机构和 F-35A 的机关炮驱动系统也使用了液压系统。F-35 液压系统工作时的液压可达 27.58MPa。

3.7 F135 发动机

F-35B 战斗机使用了昂贵的陶瓷基复合材料

F-35战斗机的发动机是带有加力燃料室的普拉特·惠特尼（著名航空发动机制造公司，英文名称为Pratt&Whitney）F135涡扇发动机。其中，F-35A使用F135-PW-100型发动机，F-35B使用F135-PW-600型发动机，F-35C则使用F135-PW-400型。虽然零件编号（dash number）有别，但这是由于美国空军、海军及海军陆战队的设备型号规则不同（空军使用100编号、海军使用400编号、海军陆战队使用600编号），发动机基本构成并无差异。

发动机主体尺寸为：全长5.59m，最大直径1.30m，核心部位由使用3级风扇结构的低压压气机和6级高压压气机组成。高压压气机采用了转子叶片（blade）和旋翼叶盘（rotor disc）融为一体的整体叶盘设计（IBR，Intergrated Blade Rotor），每级压气机结构都由一个零件构成。这种IBR设计与新型旋叶设计相结合，使F-35压气机的工作效率大大提高。压气机后面的燃烧室为环形设计，后接1级高压涡轮机和2级低压涡轮机，再通向喷气口。其实F-35A和F-35C使用1级涡轮机即可，但增设了STOVL系统的F-35B需要2级涡轮机，所以为确保F-35各型号的通用性，所有发动机都设定为2级涡轮机。

F-35B使用的F135-PW-600型发动机在风道等发动机管套（Casing）处使用了陶瓷基复合材料（Ceramic Matrix Composite，CMC）。这种材料的耐高温性不逊于钛（Titanium），但重量更轻，对于尽可能削减机身重量以确保STOVL性能及悬停飞行功能的F-35B，是难得的发动机材料。不过这种新型材料价格昂贵，所以并未在100型和400型发动机中使用。

正在室内试验站进行加力燃料室全力运转试验的 F135-PW-100 型发动机。F135 涡扇发动机不使用加力燃料室的正常推力为 111kN，使用加力燃料室时的推力为 178kN。

图片：普拉特·惠特尼公司

设置在室外试验站的 F-35B 战斗机发动机 F135-PW-600。该发动机用于测试 F-35B 推进系统的整体性能，发动机前方有升力风扇，升力风扇上方的进气道舱门已打开。

图片：普拉特·惠特尼公司

降落装置与制动装置

F-35C 战斗机的弹射杆和坚固的制动钩

F-35战斗机的降落装置采用前三点式起落架设计，前轮在机体前部的下方，主轮设置在左右主翼的下方。这三处当然都是可回收式起落架，每个起落架都能向前收入机身。起落架的承力支柱采用了以聚合物基复合材料（PMC，Polymer Matrix Composite）为主要成分的材质，不仅重量轻，而且具备优秀的强度和耐腐蚀性。

F-35A/B型的3处起落架都是单轮，F-35C的前轮则同其他舰载型战机相同，使用了双轮设计，且承力支柱上配有弹射器弹射杆。这种弹射杆会在F-35C从航母上起飞时连接用于拖拽机身的弹射梭（弹射滑块）。

飞机起落架由座舱正面左侧的杠杆进行收放操作，工作时通过液压系统传动，如果液压系统在起落架已收回状态下出现故障，用于操作降落装置的杠杆手柄下方所设的按钮可以解除锁定状态，开启收纳舱舱门。舱门开启后，起落架会在自身重力的作用下放出，并在下放至合适位置时锁定姿态，进而完成常规着陆动作。

不过在使用这种紧急放出措施时，由于降落装置的液压系统已无法正常工作，同样由液压系统带动的前轮转向操作无法进行，所以着陆后需要用拖车来移动已静止的战机。

F-35A/C在机体后部的下方设置了制动拦阻钩。F-35C经常会在降落至航母时使用拦阻钩，但F-35A只会在紧急着陆时使用这种装置。所以两种拦阻钩需要承受的力的大小完全不同，F-35C的拦阻钩要更加坚固。不过为了确保隐身性，两种拦阻钩在安装时都配备了屏蔽罩。

图为正在尼米兹级航母上准备起飞的 F-35C 战斗机。其前轮承力支柱上的弹射杆已下拉并连接至弹射梭处。

图片：美国海军

2016 年 5 月 5 日，美国加利福尼亚州的爱德华兹空军基地使用 AF-04 战斗机进行了一次制动拦阻钩试验。如果在飞行过程中判断出战机着陆后的主起落架制动闸已失灵，就需要在降落时用拦阻钩使飞机安全着陆。用于制动的拦阻索就设在跑道上，直径在 2.5cm 至 3.2cm 之间。

图片：美国空军

3.9

机载传感器 ①
AN/APG-81 雷达

用双封装（twin pack）技术保证雷达性能

F-35战斗机的雷达采用了诺斯罗普·格鲁曼公司的AN/APG-81多模雷达。其天线由多个电子元件组成，每个元件都可以进行电子探测，属于有源相控阵雷达（Active Electronic Scanned Array Radar）。

这种有源相控阵雷达不会机械性地移动天线，搜索范围更广。AN/APG-81的每个元件都具有独立的发射接收组件，可以主动展开电子扫描，所以该雷达可以同时实现多个不同功能，这也是其主要特征之一。

天线中安装的电子元件数量是判断此类雷达性能优劣的重要指标之一，但F-35战斗机使用的是小型雷达，所以天线面积较小，电子元件数量也较少。F-22A战斗机的APG-77雷达装有1500~2000个电子元件，而AN/APG-81雷达上只有1000余个。

不过AN/APG-81采用了双封装（twin pack）技术，将2个发射模组和2个接收模组归于一处，弥补了这个缺点。在该雷达的空对空模式中，最大探测范围可达170km，使战机具备同时与多个目标交战的能力。在研发试验中，它可以在10秒内探测到雷达视野内的23处飞行目标，展示出优良的性能。

在空对地模式中，它的合成孔径雷达（SAR，Synthetic Aperture Radar）模式可以将搜集的信息制成画面，且能放大重点地区的视野，使目标更容易辨识，这种聚焦功能也被称为视野放大功能。

由多个电子元件构成的 AN/APG-81 雷达的天线部分。由于使用了双封装技术，可以用较少数量的电子元件保证雷达性能。

图片：Daderot / 维基百科

以上两图展示了 AN/APG-81 雷达的视野放大功能。左图是正常 SAR 的成像视野，视野放大功能的电子聚焦手段可将特定区域视野进一步放大。

图片：诺斯罗普·格鲁曼公司

机载传感器 ②
AN/AAQ-40 光电瞄准系统

空空及空地两用

F-35战斗机配备的综合光电传感器是洛克希德·马丁公司研发的AN/AAQ-40光电瞄准系统（EOTS，Electro-Optical Trageting System），该装置位于机首下方，收纳在由7块透明玻璃组成的整流罩内。

装置本身安装在平衡环上，可以上下左右转动。虽然只有下方设置传感器开口，但这一部位嵌入了可以高速转动的镜头，能将传感器转至包括机体上侧在内的前方各方向上。

EOTS是整合了红外线传感器与激光传感器等光电装置的目标指示系统，也是一种空空及空地两用系统，具备多种功能，例如用于空对地前方监视的红外线追踪模式（Forward-looking InfraRed）、用于空对空红外线追踪的红外搜索与跟踪模式（InfraRed Search and Track）、人眼安全激光器（Eye safe diode laser）的战术性定点追踪功能、被动（Passive）和主动（Active）激光测距功能、可供精密打击武器参考的高精度坐标生成功能等。

它可以从带有数字聚焦（Digital Zoom）功能的传感器中获得视野，进而获取地面目标的详细信息，也可用于评估打击后的效果。由于采用了最新的光学画面处理技术，所以提高放大倍率几乎不会导致画质下降。EOTS的具体性能等资料尚未公布，根据研发制造商洛克希德·马丁公司的信息，其最大探测距离几乎"等同于AN/APG-81雷达"。

系统整体宽49.3cm、长81.5cm、高69.9cm，重88kg，所以短小轻便是其主要特征。

F-35 战斗机机首下方设有玻璃整流罩，其内部装有 EOTS。

图片：美国空军（外景照片）

洛克希德·马丁公司（装置照片）

EOTS 成像案例。该画面是在空对地模式下使用单一移动目标追踪功能而得的。指定目标后，即使目标处于移动状态，也会不断地被画面中央的正方形图标捕捉、定位，持续为制导武器提供目标瞄准数据。

图片：洛克希德·马丁公司

3.11

机载传感器 ③ AN/AAQ-37 光电分布式孔径系统

可探测到火箭发射

　　在光电传感器方面，除了EOTS，F-35战斗机还装备了由诺斯罗普·格鲁曼公司研制的 AN/AAQ-37 光电分布式孔径系统（EODAS，Electro-Optical Distributed Aperture System）。机身共装有6处系统专用传感器，每个传感器都配有玻璃窗口（开口处设置）。

　　EODAS的主要功能包括：来袭导弹探测及追踪、敌方导弹发射位置定位、红外跟踪及目标指示、武器支援等。其中对于地空导弹发射位置的迅速定位与对目标飞机的探测功能，使F-35可以事先探知威胁来源并迅速选择反制手段或快速攻击敌方地空导弹阵地。

　　在研发试验中，战机在相距1300km远的地点飞行时，使用EODAS成功探测到Space X公司发射的2级卫星运载火箭猎鹰9号，显示出卓越的探测性能。

　　除了红外监视及预警功能，EODAS还具备可视化模式（Visual mode），可以不分昼夜地向飞行员提供传感器成像画面。画面信息会直接传递至飞行员可视化头盔上，这种头盔不会像目前的夜视镜一样，不仅体积庞大，而且视野受限。此外，洛克希德·马丁公司明确表态，将在2023年后交付的F-35中使用新一代DAS（分布式系统）。新的DAS不仅性能倍增，可信度也会提高近5倍。不过该系统的制造商将改为美国雷神公司。

F-35A 战斗机的座舱盖前方排列着 2 处 EODAS 窗口。同样的窗口共有 6 个，散布于机身各处，进而使战机具备了 360 度全方位监视能力。左上方较小的照片为 EODAS 的传感器。

图片：青木谦知（大图）　诺斯罗普·格鲁曼公司（小图）

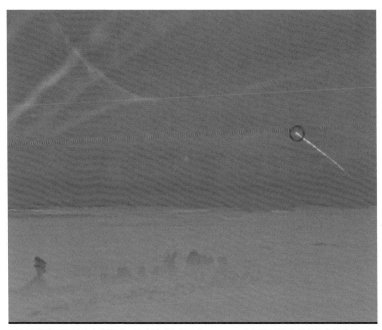

图为正从地面发射升空的猎鹰 9 号火箭（红圈内）。EODAS 在研发试验中捕获了它的位置。这表明 EODAS 拥有探知弹道导弹发射的能力。随着今后的发展，F-35 战斗机很可能会加入弹道导弹防御体系。

图片：诺斯罗普·格鲁曼公司

F-35战机采用英国BAE系统公司研制的AN/ASQ-239"梭鱼"综合电子战系统作为自卫型电子设备。这是一种攻防并重的数字化电子战系统，系统构成为模组式。其中的雷达告警接收机（RWR，Rader Warning Recevier）可用于探测具有威胁性的雷达波，能处理飞机专用探测雷达射频（RF，Radio Frequency）的宽频段（band）信号。由于在机体四周各处设置了传感器，所以能全方位地对敌方电波进行探测、识别、监视、分析，进而确定威胁种类。

"梭鱼"系统还包括反红外装置和反射频装置，这些装置与其他传感器一同整合到了数字化电子系统内。所以它不仅可以通过RWR探测出RF威胁，还能将RF威胁与EODAS探测到的光电威胁结合到一起并加以分析，进而自动启用最优反制措施（也可以由飞行员手动操作）。

作为研发制造商，BAE系统公司认为AN/ASQ-239"梭鱼"综合电子战系统有以下几个优点：

- 将雷达警戒、目标指示、反制手段整合到一个系统中。
- 可以削减全寿命费用。
- 使战机获得360度全方位战场态势。
- 用迅速的反应能力确保飞行员安全。
- 即使暴露在高密度电磁信号威胁环境中，系统也能对机身进行全面电子防御。

■ F-35 战斗机综合电子战系统的天线及传感器配置

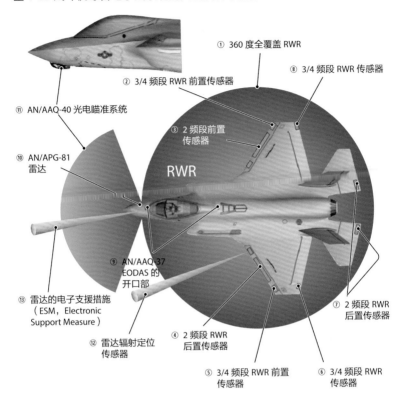

① 360 度全覆盖 RWR

⑧ 3/4 频段 RWR 传感器

② 3/4 频段 RWR 前置传感器

⑪ AN/AAQ-40 光电瞄准系统

③ 2 频段前置传感器

⑩ AN/APG-81 雷达

RWR

⑨ AN/AAQ-37 EODAS 的开口部

⑬ 雷达的电子支援措施（ESM，Electronic Support Measure）

⑫ 雷达辐射定位传感器

④ 2 频段 RWR 后置传感器

⑤ 3/4 频段 RWR 前置传感器

⑥ 3/4 频段 RWR 传感器

⑦ 2 频段 RWR 后置传感器

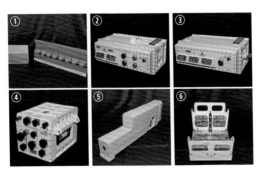

AN/ASQ-239 "梭鱼"综合电子战系统的组件。从左至右依次为：①开口天线 ②2A电子器材架 ③2B电子器材架 ④反制手段控制装置（CMC，Counter Measures Controller）⑤反射频装置 ⑥反红外分布装置（IRCM，Infra-Red Counter Measures）

图片：BAE系统公司

3.13 传感器融合

传感器融合功能使飞行员更易利用复杂信息

　　F-35与F-22等五代战机具备的高隐形特征很容易吸引人们的关注，但实际上这类战斗机最重要的功能之一就是"传感器融合"。这种功能可以整合F-35的雷达及各类光电传感器、防御性传感器所收集到的多种信息，再将整理好的信息提供给飞行员。

　　一直以来，传感器的信息都是分别生成的。这些信息又分别在相互独立的显示器上呈现，进而传递给飞行员。而飞行员就是根据这些分离的信息在脑中勾勒出对整体形势的认识，进而做出应对。

　　不过随着机载电子设备的进步，再加上数字化连接方式的运用，电脑已经能够整合各类传感器收集的信息，并将整理后的信息流显示到单个装置上，而且可以根据当前形势判断信息是否有用，不向飞行员传递无用信息。

　　不仅如此，在同时存在多个对自身造成威胁的目标时，电脑可以判定威胁的优先级，进而确定需要首先解决的威胁。而且研发人员试着用更简单易读的格式呈现信息，在这方面下了不少工夫。

　　如上所说，传感器融合功能能够为飞行员提供并整合各类机载传感器收集到的信息，在提升飞行员的战场态势感知能力的同时减轻他们的工作负担，使飞行员可以将更多的精力投入到任务执行中。此外，得益于数据连接装置，F-35战斗机还可以和除自身以外的其他战机共享信息情报。

■ F-35 战斗机的传感器及电子战系统构成

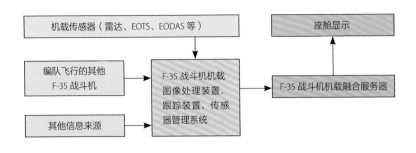

得益于传感器融合技术，F-35 战斗机不仅能整合机载传感器的信息，还能一并整合来自编队内其他战机或外部信息源的信息，并传递给飞行员。图为战术形势的显示案例之一。

图片：洛克希德·马丁公司

传感器研发验证机

BAC1-11 和波音 737-330 客机

作为 F-35 战斗机的主要机载传感器，雷达和 EODAS 由诺斯罗普·格鲁曼公司研制，EOTS 由洛克希德·马丁公司研制。在上述装置的研发、空中试验与测评过程中，两家公司都使用了专门的验证机。

两种验证机均由轻型喷气式客机改造而来，其中，诺斯罗普·格鲁曼公司在 BAC 公司制造的 BAC1-11 401/AK 客机的机首部位安装了 AN/APG-81 雷达，同时为该雷达配备了雷达天线罩。机首上下方都装有 EODAS 的传感器，设置了开口处。这架改造后的试验机不仅用于研发，还在美国空军进行的测评环节中使用。

BAC1-11 是于 1963 年 8 月 20 日首航的 90~100 座双发喷气式客机，总共生产了 244 架。但该型号客机现存的可飞行机体只此一架。

洛克希德·马丁公司的验证机是波音 737-330，被更名为 "CAT Bird"，机首被改造成前端呈尖状的整流罩形态。该验证机曾用于 AN/APG-81 雷达的研发工作。当然，这架验证机还参与了 EOTS 的研发工作，当时还在机首下方加装了与实物等体积的玻璃制整流罩，其内部用于安装 EOTS 本体装置。此外，由于洛克希德·马丁公司负责 F-35 战斗机机载系统研发及整合，所以也使用该验证机进行了关于 AN/ASQ-239 "梭鱼"综合电子战系统的各类相关作业。"CAT Bird"原型客机是专门为德国汉莎航空公司生产的，于 1986 年完工并交付，洛克希德·马丁公司于 2002 年 3 月获得该客机。

此图为洛克希德·马丁公司的机载电子设备研发验证机"CAT Bird"。该验证机还曾用于诺斯罗普·格鲁曼公司及 BAE 系统公司研制设备的飞行试验工作。左上角图为"CAT Bird"装载的 EOTS。这种装置只在研发测试时安装，大图中的客机并不配备。　图片：洛克希德·马丁公司

诺斯罗普·格鲁曼公司的机载电子设备研发验证机是 BAC 1-11 401/AK。该机机首部位装载雷达，机首下方设有整流罩，用于收纳 EODAS 相关设备。座舱挡风玻璃前也设置了 EODAS 专用开口。

图片：诺斯罗普·格鲁曼公司

3.15 驾驶舱 ①

装载大尺寸液晶屏，无平面显示器

　　F-35B战斗机的主仪表盘采用了宽50.8cm×高22.9cm的有源矩阵（Active Matrix）液晶显示屏，屏幕在中间处分割为左右两面，整体由2张宽25.4cm×高22.9cm的液晶屏构成。该显示屏带有触摸式传感器，可以用触摸方式将显示画面分割为多个显示窗口，进而选择可读内容。

　　显示屏画面尺寸固定，最大尺寸是宽25.4cm×高20.3cm，用于显示常规战术信息。仅次于这一尺寸的画面则将该画面从中间部分纵向切开，分割为宽12.7cm×高20.3cm的显示画面。这种尺寸的画面用于显示战术信息及传感器信息，以及时常需要获取的关于系统状态的信息。将该画面转换为边长为12.7cm正方形后，画面下方会显示2个宽5.4cm×高6.4cm的小界面，在这里可以看到系统信息、飞行参数、武器装备情况等参考信息。

　　F-35战斗机座舱部分最大的特征就是废除了平面显示器（HUD，Head Up Display）。所以它的控制板上几乎没有任何内容。飞行员会穿戴可在面甲（Visor）上投影的头盔，其投影内容与常规HUD的显示内容相同，甚至可以获得更多信息。而且HUD只会在飞行员正视时提供信息视角，但F-35战斗机的系统可以保证飞行员在任意视角下获取信息。当然，与其他头盔显示系统相同，F-35战斗机的显示系统也可以在与偏离视野的敌方目标交战时使用。

F-35 战斗机座舱中的大尺寸显示装置几乎占据整个仪表盘，同时也可以转换为多个小尺寸画面。由于未像其他战斗机一样配备 HUD，所以控制板上几乎空白，这也是 F-35 战斗机的一大特征。

图片：洛克希德·马丁公司

与F-16和F-22战斗机一样,F-35战斗机也采用了侧杆(Sidestick)设计,将操纵杆配置在右操纵台(Console)。而在左操纵台,F-35也同多数战斗机一样,设置了用于调节发动机推力的油门杆(Throttle lever)。

但是F-16和F-22战斗机的侧杆系统中,操纵杆是无法移动的,飞行员施加在操纵杆上的力会被系统转换为输入信号,属于力控制系统。而F-35的操纵杆则与一般的控制杆(Joystick)相似,可以手动在所有方向上移动4cm左右,松开后则在弹簧作用下回复至中心位置。据说这是在听取外国飞行员的意见后进行的设计改动。操纵杆则可以在前后两个方向上移动22.9cm,而在移动过程中,包括加力燃料室工作区在内,杆体的进出路径上没有任何可点击区,是真正的无痕式设计。飞行员可在仪表盘显示画面上确认加力燃料室的工作状态(开/闭)。

另一方面,操纵杆及操纵杆的握柄上设置了很多按钮,油门杆握柄上的按钮可进行目标选取及锁定,武器选择等操作。武器类装置则由操纵杆握柄顶部的按钮进行发射或投掷操作,由于按钮和武器舱联动,在按下按钮时武器舱就会打开,舱门则会在武器完全离舱后自动关闭。只有机关炮是由握柄前方的扳机控制射击的。

这种设计下的手动操作全程在操纵杆和油门杆上进行,也叫"手不离杆"(HOTAS,Hands On Throttle And Stick)设计,自上一代战斗机使用后延续至今。

图为侧杆设计下的右操纵台操纵杆。F-16 战斗机是首次使用侧杆设计的喷气式战斗机，其操纵杆本身无法移动。紧随其后的 F-22 战斗机也同样无法移动操纵杆。但在 F-35 战斗机的侧杆设计下，操纵杆已经变得可以向各方向移动了。 图片：洛克希德·马丁公司

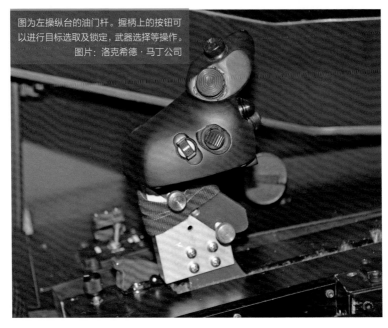

图为左操纵台的油门杆。握柄上的按钮可以进行目标选取及锁定，武器选择等操作。 图片：洛克希德·马丁公司

3.17 Gen Ⅲ头盔

融合了最新功能的新一代头盔

在前文已经提到过，F-35的飞行员会穿戴具备头显功能的头盔。这种头盔也被称为"Gen Ⅲ"。"Gen"就是"Generation（世代、时代）"的缩写，"Gen Ⅲ"意为"具有头显功能的第三代头盔"。"Gen Ⅲ"头盔系统的主要特征如下：

---

① 双目30度×40度的宽广视野，100%双目重叠。

---

② 虚拟HUD功能

---

③ 通过EODAS图像掌控飞机性能

---

④ 自动校靶功能

---

⑤ 主动式图像去噪功能

---

⑥ 数字化夜视装置

---

⑦ 在1019km/h的飞行速度下头盔易脱落

---

⑧ 轻便且平衡性优秀

---

⑨ 舒适细腻的特制头盔衬垫

---

⑩ 瞳孔距离多重设定

---

⑪ 录像功能

---

⑫ 图像显示功能

---

⑬ 兼具普通目镜与防激光护目镜的功能

"Gen Ⅲ"头盔在任务软件在Block2B及Block3i上使用，但目前头盔功能仍然受限，相信随着后续的软件升级，这种头盔也能发挥更加完备的功能。关于这些任务软件，笔者将在第四章为读者

介绍。

F-35的头盔曾由以色列埃尔比特公司（Elbit）在美国设立的视觉系统公司（VSI，Vision System Intergration）负责研发。该公司后更名为EVS公司，又和美国的罗克韦尔·柯林斯公司（Rockwell Collins）合作设立了RCEVS公司，目前该头盔由RCEVS公司生产。

图中的飞行员头戴"Gen Ⅲ"头盔，正驾驶着F-35A战斗机。"Gen Ⅲ"头盔的投影系统兼具HUD及夜视等多种功能，是新时代的战斗机飞行员专用头盔。 图片：美国空军

图中的"Gen Ⅲ"头盔模型与实物等大。在F-35战机飞行员头盔研发初期，曾出现红外成像抖动不稳等多种问题，但最终版的"Gen Ⅲ"头盔已经解决了这些问题。

图片：青木谦知

3.18 弹射座椅

"0-0"弹射座椅的爆破穿盖(through canopy)技术

F-35战斗机的3种型号均使用一种弹射座椅，即US16E。其设计原型是专门为欧洲战斗机（Euro-fighter）研发的Mk16E型弹射座椅，马丁·贝克公司在此基础上为F-35战斗机量身打造，研制了这种新型弹射座椅。其中"US"意为"为美国研制"。

US16E弹射座椅可在零高度、零速度状态下弹出，也就是所谓的"0-0"弹射座椅（zero-zero ejection seat），可承受的飞行员体重在47kg到111kg之间，除此之外再无对飞行员的体格要求。即便如此，为保证飞行员在受到弹出冲击时的人身安全，美国空军仍然规定F-35A的飞行员体重应在136磅（约为62kg）以内。但这条规定也在2017年5月被废除。

F-35的逃生方式是爆破穿盖后飞出逃生，也叫作"Through canopy"技术。当飞行员进行弹射操作后，首先座舱盖内置爆破索会使舱盖产生裂痕，随后弹射座椅启动，火箭点火，座椅上端会击破舱盖玻璃，使飞行员和座椅一同弹出座舱。

破洞大小允许整个座椅弹出，座椅就是从这里脱离战机的。等到座椅姿势在空中稳定下来，飞行员就会和座椅进一步分离。飞行员分离时座椅上部箱体内的救生伞会打开，整个座椅随着救生伞开伞而减速下落。为飞行员配备的主伞也会自动张开，使分离后的飞行员稳定着陆。从弹出操作开始到救生伞张开，上述一系列动作仅需2秒。

US16E 型弹射座椅的弹射试验。图中的试验台虽然未设置座舱盖，但实际飞行时座椅会打破座舱盖，即"Through canopy"方案。　图片：马丁·贝克公司

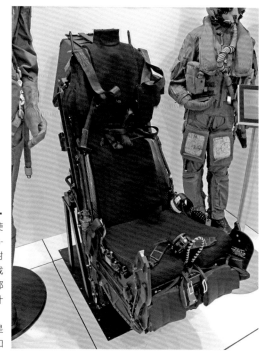

F-35 战斗机的 3 种型号都使用马丁·贝克公司（Martin-Baker）研制的 US16E 型弹射座椅。为提升飞行员的抗载荷能力，包括 F-16 在内的部分战斗机会将座椅靠背设计为大角度向后倾斜的形态，但 F-35 和 F-22 的座椅都只是略微倾斜。　图片：青木谦知

F-35 战斗机的价格

面向日本航空自卫队的单机价格超过 130 亿日元

　　五代战机 F-35 价格不菲，这一点是广为人知的。虽然美国采用了统一调度等多种削减单机价格的方法，但价格昂贵仍然是公认的事实。2018 年 1 月美国国防部发布的各型号单价（按 1 美元 =110 日元计算）及日本防卫省预算案中的航空自卫队 F-35A 单价一并记录如下。日本引进的 F-35A 之所以高于美国空军同型号价格，主要原因在于日本是在国内完成总装检修工作的。

- F-35A：9340 万美元（103 亿 7300 万日元）
- F-35B：1 亿 2240 万美元（134 亿 6400 万日元）
- F-35C：1 亿 2120 万美元（133 亿 3200 万日元）
- 日本航空自卫队 F-35A：130 亿 8333 万日元（2018 年年度预算）

美国一直在 F-35 战斗机的调度方式上下功夫，以此降低机体价格，即便如此，F-35A 与同类单发战斗机 F-16A（F-16 的早期型号）相比仍然过于昂贵，1998 年 F-16A 的价格为 17 亿日元，F-35A 则是它的 6 倍。

图片：美国空军

第四章

F-35 战斗机的
发展前景

F-35 战斗机会随着机载电脑的软件升级而进
化。接下来就让我们来认识一下此前开发的
相关软件及今后的版本升级计划。

图片：美国空军

4.1 什么是"任务软件"

版本名为"Block"

　　如今，航空飞机的系统正在被计算机化，所以自然会用到计算机软件。战斗机的飞行操纵系统自不必说，传感器及武器系统等部分也都在计算机上高度整合。此外，有的软件还具备执行作战任务的能力，也叫"任务软件"。这种任务软件的升级也会使F-35的性能升级，而这种软件开发工作今后将继续下去。软件版本名为"Block"。笔者先在此处列出已实用化的部分。

Block 0	用于SDD试验机的飞行开发作业，是最早的版本。
Block 0.1	只具备机身系统管理功能的飞行软件。
Block 0.5	由BF-04最先引进使用。具备飞行训练开发功能和支持各类试验的能力。
Block 1	可进行联合直接攻击弹药（JDAM，Joint Direct Attack Munition）和AIM-120空空导弹的武器试验。
Block 2A	具备EODAS功能，可使用宝石路激光制导炸弹。
Block 2B	Block 2A的进化版。使F-35B战斗机具备了有限的战斗能力，即初始作战能力（Initial Operation Capability）。
Block 3i	为使用Block 2B软件的F-35A研发。
Block 3F	使F-35所有型号战机具备全面作战能力（Full Operation Capability），在2018年上半年完成。

在初期飞行试验中编队飞行的 F-35A 战斗机的 SDD 验证机 AF-01 和 AF-02。Block 0.1 软件即可进行编队飞行。

图片：洛克希德·马丁公司

图为美国海军陆战队第 501 攻击训练中队（VMFAT-501）的 F-35B 战斗机。该机是刚刚交付的 BF-07，此时的软件版本为 Block 2A。

图片：美国海军陆战队

4.2 发展历程

从"Block 2B"版本发展到武器使用阶段

在4.1节中，笔者已经介绍过此前研发的F-35战斗机任务软件和该软件目前的成熟版本Block 3F，本节将为读者进一步说明。

"Block 0"是早期生产的SDD试验机所配备的任务软件，只具备基本的飞行性能。但SDD的试验工作开始后不久，需要测试的飞行领域不断扩大，而且需要分阶段地提升测试时的飞行速度和高度，所以需要相应地修补软件配置。修补升级后的软件版本就是"Block 0.1""Block 0.5"，它们可以胜任更高水准的飞行能力开发工作。

后续开发的"Block 1"有"Block 1A"和"Block 1B"两种版本。"Block 1A"具备飞行管理、通信以及部分传感器功能，是为飞行训练开发的任务软件，最大飞行速度833km/h、最高飞行高度12192m、最大迎角18度。"Block 1B"可支持基础飞行训练，最大飞行速度1019km/h，除此之外的飞行参数上限与"Block 1A"相同。

"Block 2"系列软件则分阶段地赋予战斗机作战能力，最初版本"Block 2A"虽然在飞行参数方面和"Block 1B"相比并无差别，但已经具备了各类机载任务系统的基础功能。性能虽然受限，但已经可以使用数据连接装置。

到此为止，F-35战斗机还不具备任何武器使用能力，"Block 2B"和"Block 3i"则打破这种局面，添加了AIM-120先进中程空对空导弹、联合直接攻击弹药、宝石路激光制导炸弹的使用功能，使战机具备了对空作战能力和阻击能力，在飞行参数上，最大迎角也提升至50度。"Block 3F"软件又进一步增设了AIM-9X等武器的使用能力。

图为正在投掷GBU-49 227kg增强型宝石路Ⅱ激光制导炸弹的F-35C战斗机，该战机配属于F-35统合试验军（图①）。机载"Block 2A"任务软件使用EOTS的目标指示功能投掷增强型宝石路Ⅱ激光制导炸弹。攻击目标为移动中的车辆（图②），结果显示为精准命中（图③）。

图片：美国空军

图为 F-35C 战斗机的 CF-02 号机在机首朝下的飞行姿态下发射 AIM-9X "响尾蛇"导弹的情景。该战机的机载软件版本为 "Block 2B",还不能完全发挥 AIM-9X 导弹的性能,图中的试验目的似乎是验证战机在各种飞行姿态下使用武器的可能性。虽然 F-35C 的开发工作最晚完成,但计划中该型号战机装载的具备完全作战能力的任务软件与其他型号并无不同,均为 "Block 3F"。

图片:美国海军

4.3 今后的发展计划

计划实现核武器使用能力

  F-35战斗机只经历了基本的研发作业阶段，今后还要不断发展，掌握完全作战能力，成为真正的多用途战斗机（MRF，Multi Role Fighter）。为此，F-35的任务软件将继续升级，可使用的武器数量也会进一步增加。作为MRF，F-35应该装载什么样的武器，笔者会在第五章详细介绍。此处将为读者列出"Block 3F"之后的各版本任务软件，以下内容是开发计划已公开的资料，这些任务软件才是F-35得以充分使用各类武器的保障。

Block 4	添加多功能尖端数据连接能力、AGM-154系列导弹的新型号Block Ⅲ的使用能力、可在发射后锁定目标的AIM-9 Block Ⅱ导弹的使用能力、对于在挪威开发的联合打击导弹（JSM，Joint Strike Missile）武器系统的适配性。
Block 4B	B61-12核航弹的使用能力。"Block 4"版本预计在2021年实现实用化，"Block 4B"则计划在2022年获得作战能力。
Block 5	为AN/APG-81雷达添加"航海模式"，使战机具备逆合成孔径雷达性能。强化战机电子战性能。将AIM-120导弹载弹量扩容至6枚，同时增设AIM-120D导弹的使用功能。预计从2021年起开始装配。
Block 6	通过改良推进系统提高续航距离，给战机添加电子战能力等新性能。
Block 7	详情尚不清楚，据说提高了战机应对生化武器的能力。

F-35 战斗机的目标是实现跨越军种壁垒的统一运用，为此也进行了各类试验。图中 F-35C 战斗机的 CF-08 号机在冬季的美国阿拉斯加州艾尔森空军基地与美国空军战术航空指挥部合作，进行了近距离航空支援等模拟作战演练。小图为战术航空指挥部第 3 航空支援中队。

图片：美国空军

F-35 战斗机今后将继续发展，配合美军各类新式武器开展行动。图中 CF-02 号机下方的战舰是美国海军的最新导弹驱逐舰——朱姆沃尔特级驱逐舰，目前已建造 3 艘。

图片：诺斯罗普·格鲁曼公司

第一代"闪电"P-38

第二次世界大战的战斗机"明星"

　　F-35战斗机的昵称后带有编号"闪电Ⅱ"，从中不难看出，F-35实际上是第二代"闪电"。第一代"闪电"是二战期间由洛克希德公司研发的双体双发活塞式战斗机P-38。后期改良型P-38以其卓越的飞行性能和强大的火力配置令日军闻风丧胆，被日军称为"双胴恶魔"。虽然数量较少，但英国空军中也有P-38服役，目前该战机的总产量为10037架。不过包括下图中的P-38在内，该型号战机现存可飞行机体只有4架。

与第一代"闪电"P-38编队飞行的是配属于美国空军第58联队第61中队的F-35A战斗机，编号为AF-41。

图片：美国空军

第五章

F-35 战斗机的机载武器

从机关炮到核航弹等各类武器的使用能力也在
F-35 战斗机的开发计划中。本章将逐一介
绍这些机载武器的状态。

图片：美国海军

5.1 机载"武库"

隐身行动时可使用机体内部武器舱

　　F-35战斗机的挂架可以挂载武器等装备来满足各类任务的需求。而且为了不让机载装备降低机体隐身性能，F-35还设置了隐藏于机体内部的武器舱。

　　当作战行动对战机隐身性要求较高时，原则上只能使用机体内部的武器舱来装载武器，不太重视隐身性能的任务才会将机内武器舱和机身外挂架并用。

　　F-35[⊖]的机身外挂架包括每侧主翼的下方3处和机身纵轴线下方1处，共7处。目前左右武器舱里各设有2处挂架，所以总共有11处挂载点。对这些挂架从左至右编号（如图所示），列出各处挂架的载荷如下：

Sta.（Station缩写）1/11（主翼下方外翼部分）	300磅（136kg）
Sta.2/10（主翼下方中部）	2500磅（1134kg）
Sta.3/9（主翼下方内翼部分）	5000磅（2268kg）
Sta.4/8（外侧武器舱）	2500磅（1134kg）
Sta.5/7（内侧武器舱）	350磅（159kg）
Sta.6（机体纵轴下方）	1000磅（454kg）

　　STOVL型F-35B战机的Sta.2/10及Sta.4/8挂架载荷为1500磅（680kg）。载荷较轻的Sta.1/11及Sta.5/7挂架仅用于挂载空空导弹，其余挂架可装备空空或空地两类导弹。Sta.3/9挂架设有燃料管道，能挂载可抛放式副油箱。

⊖　指F-35A和F-35C型战斗机。　——译者注

图中的 CF-01 战机（内侧）正和 CF-02 战机编队飞行，两架战机的 Sta.1/11 挂架各装一枚 AIM-9X"响尾蛇"导弹，Sta.2/3/9/10 挂架各装一枚宝石路Ⅱ激光制导炸弹，Sta.6 挂架则装载了机关炮炮舱（内置航炮）。

图片：美国海军

■ 挂架编号

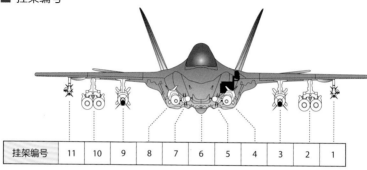

挂架编号	11	10	9	8	7	6	5	4	3	2	1

5.2 机体内部武器舱

机载武器很可能增加数量

F-35战斗机机体中央设有机内武器舱，呈"八"字形，将Sta.6挂架夹在中间，每处武器舱都设有左右双开式舱门。武器舱设计成"八"字形布局是为了避免舱门打开时影响到Sta.6挂架处的机载装备，同时也是为了适应机体内部的进气道布局。

前文已经提到，现阶段F-35的每个机内武器舱的挂架有两处，可分为外侧武器舱挂架（Sta.4/8）和内侧武器舱挂架（Sta.5/7）。Sta.4/8挂架可挂载大型炸弹类武器，而Sta.5/7挂架目前只是AIM-120空空导弹的专用挂架。

洛克希德·马丁公司和美军一方面灵活利用武器舱的现有容积，另一方面也在积极推动相关研究，尽可能地增设挂架，希望可装载的武器种类更加丰富多样，以应对更多种类的作战任务。例如，设计者设置了2处外侧武器舱挂架，同时也将武器舱内侧门轴处设计成可装配双联装挂架的形式，还在外舱门的内侧设置了挂架。得益于此，每个武器舱可在对空作战中挂载4枚AIM-120导弹，空地作战中则能挂载8枚GBU-39/B小直径炸弹及1枚AIM-120C导弹。对于多用途任务，武器舱可以同时加装AIM-120空空导弹与AIM-9X导弹各2枚，GBU-32 454kg级JDAM制导炸弹2枚。

此外，武器舱舱门会在飞行员选定舱内武器并按下发射/投掷按钮后自动打开，待武器完全出舱时自动闭合。

图为在武器舱门敞开状态下飞行的 AF-01 战机。外侧武器舱的 Sta.4/8 挂架装有 GBU-31 907kg 级
JDAM 制导炸弹，内侧武器舱的 Sta.5/7 挂架装有 AIM-120 导弹。　图片：洛克希德·马丁公司

5.3 AIM-9X "响尾蛇" 导弹

可进行大离轴角射击

由美国雷神公司（Raytheon Company）研制的 AIM-9 "响尾蛇" 导弹（sidewinder）是一种能够为西方国家视距内（WVR，Within Visual Range）空空导弹代言的武器，目前的产量已超过20万枚。F-35 战斗机也将装载该系列导弹的最新型号 AIM-9X。

AIM-9X 的红外导引头（seeker）采用了红外焦平面阵列技术，使导弹导引头能在较长时间内持续捕捉目标，进而提升了导弹命中率和抗干扰能力。其外形主要特征是前端附近的控制翼较小，进而将空气阻力降至最低限度。得益于此，AIM-9X 的射程已经从 AIM-9L/M 的约 18km 提升至约 37km。

与射程相比，AIM-9X 最大的性能优化是使红外导引头能够捕捉视距外的大离轴角（off boresight）位置的目标。再加上导弹最后方的火箭发动机喷气口处的尾翼可控制喷气方向，使导弹自身获得了包括横滚轴在内的 3 轴高机动飞行控制性能[⊖]，进而使 AIM-9X 导弹可展开大离轴角射击，与视距外目标交锋。

不仅如此，AIM-9X 导弹还有改良版 "Block Ⅱ"，改良后的导弹具有数据连接功能，可以使发射器向导弹单向发送信号，同时也具备发射后锁定（LOAL，Lock-On After Launch）能力。这使得导弹即使在发射后也能接受发射器的引导信号，进一步提升了命中精度。不过 AIM-9X 导弹是 F-35 战斗机武器舱的一个未来选项，目前尚未正式装载。

⊖ 3 轴即空间坐标系中的 x、y、z 轴，横滚轴为 y 轴。 ——译者注

图中的工作人员正在为 F/A-18E "大黄蜂" 战斗机主翼部位的挂架安装 AIM-9X 导弹，这种导弹通过挂架处的导轨式发射器完成装载。"响尾蛇" 导弹的所有型号只能由导轨式发射器完成发射。

图片：美国海军

2016 年 9 月 30 日，AF-01 进行了在使用加力燃料室飞行的状态下发射 AIM-9X 的试验。这次试验成功命中目标，但这只是最基本的发射试验。

图片：美国空军

5.4 先进近程空空导弹

可与"响尾蛇"导弹完全互换

1980年，法、德、英、美4国一致同意合作研发新一代视距内空空导弹，并开始推进相关工作。所谓"ASRAAM"正是先进近程空空导弹（Advanced Short Range Air-to-Air Missile）的单词首字母缩写。美国当时计划装备该武器，并赋予其制式编号"AIM-132"。

可后来美国决定采用"响尾蛇"导弹的改良版AIM-9X，所以中途退出该项目。而法国和德国也都推动了自主研发导弹的科研计划，所以最终正式装备ASRAAM的只有英国。当然，AIM-132这个名称也随之废除。

ASRAAM是由总部设于英国的MBDA公司负责生产的。该导弹的弹体前方没有翼面，属于"举升体"导弹，升力完全由自身提供。弹体后方的小型全动式切梢尾翼可以控制导弹的飞行动作。

虽然不像AIM-9X和WVR空空导弹那样配有矢量喷口，但举升体设计和全动式三角尾翼仍然可以使弹体发挥出超高的机动性，而且LOAL（发射后锁定）功能使该导弹可进行大离轴角发射，与视距外目标交战。它的导引头是红外成像导引头，可以和数字化数据处理系统相搭配，进而瞄准特定位置处的目标，使弹体获得了极高的命中率。不仅如此，据说该导弹对于红外线反制手段具有很高的抗干扰性。

ASRAAM的最大飞行速度为3.5马赫，已公开的最大射程为20km左右。

欧制战机主翼下方挂架装载的 ASRAAM。与"响尾蛇"导弹一样，这种导弹只能通过导轨式发射器完成发射。

图片：MBDA

图中 BF-03 右侧主翼的外翼挂架 Sta.11 正在发射 ASRAAM。ASRAAM 虽然只有英国军队装备，但美国全面协助该导弹的研发工作，还使用了 F-35B 的 SDD 试验机参与各种研发作业。

图片：洛克希德·马丁公司

5.5 AIM-120 先进中程空空导弹

"发射后不管"的导弹

在超视距（BVR，Beyond Visual Range）空空导弹领域，美国雷神公司研制的AIM-120型导弹是当今西方世界的标准装备。所谓"AMRAAM"是先进中程空空导弹（Advanced Medium Range Air-to-Air Missile）的英文首字母缩写。

AMRAAM是完全主动雷达制导式（导弹前端装有雷达导引头，该处雷达可捕捉并追踪目标）导弹，可在发射后自动搜敌。得益于此，导弹可以在发射后锁定其他目标，或者脱离战斗状态。这种能力也叫"发射后不管"性能。

AMRAAM的另一个特征是可从弹射式发射装置或响尾蛇（sidewinder）导弹使用的导轨式发射装置上完成发射，所以可根据使用机型选择更有效的发射装置。AMRAAM的飞行速度为4马赫，最大射程100km。

现有AIM-120（即AMRAAM）导弹系列的最新型号为AIM-120C，该型号导弹的制导单元换代升级，弹头威力也得到强化。而在AIM-120C的基础上进一步改良而得的新型导弹是AIM-120C-7，为了适应F-22战斗机的武器舱空间，AIM-120C-7将导弹中段的三角翼设计为切梢弹翼。目前F-35战斗机的标准型号机载导弹正是这种导弹。AIM-120C-7导弹进行了多种改良工作，例如配备改良型导引头组合导航系统，进一步优化制导装置和电子设备，安装新的惯性基准单元，加强目标探测功能，增设新的数据链系统等。

目前，同属该系列导弹的AIM-120D导弹正处于研发当中，它能把射程提升到180km。

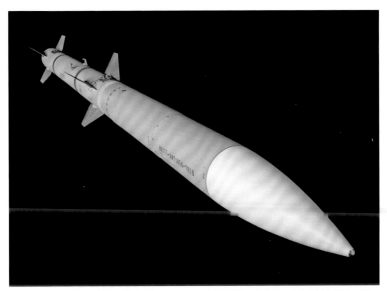

图为 AIM-120 导弹。图中的导弹型号为 AIM-120C-7，该导弹的弹体中段三角翼设计为切梢弹翼。其设计初衷是为了适应 F-22 战斗机武器舱的空间，更好地完成收纳，F-35 战斗机目前也在使用该型号导弹。

图片：雷神公司

图为隶属 F-35 统合试验军美国空军第 412 测试联队第 416 试验中队的 AF-06，图中的 AF-06 正通过内侧武器舱的 Sta.5 挂架发射 AMRAAM 导弹。

图片：美国空军

5.6 宝石路（paveway）与增强型宝石路激光制导炸弹

可进行激光制导或使用全球定位惯性导航系统

在美军激光制导炸弹中，占据中心地位的是德州仪器（Texas Instruments）公司研制的"宝石路（paveway）家族"。在常规炸弹的弹体前端加装激光导引头和控制舵面，同时在尾部加装用于调控弹体坠落的折叠翼，就制成了这种制导炸弹。目前的宝石路Ⅱ和宝石路Ⅲ激光制导炸弹使用了227kg的Mk82、454kg的Mk83、907kg的Mk84作为弹体。宝石路Ⅱ的激光导引头安装在可摇动的名为"风标"的环形装置上；宝石路Ⅲ激光制导炸弹则进一步扩宽导引头视角，进行了多种改良工作，前端已变为固定式的棒状弹头。

两种型号都在研发增强型炸弹，增强型宝石路会使用全球定位惯性导航系统（GAINS，Global Positioning System Aided Intertial Navigation System），该系统会通过惯性导航系统（INS，Inertial Navigation System）或用全球定位系统（GPS，Global Positioning System），进一步强化制导功能。如果在使用增强型宝石路激光制导炸弹时事先对GPS和INS输入攻击目标的位置坐标，那么即便炸弹中途接收不到目标反射回来的激光，或者即便照向目标的激光被切断，GAINS也能使弹体接近目标，提升命中精度。使用时可以同时投掷两枚炸弹，一枚用激光制导，另一枚用GAINS制导，进而打击不同敌方目标。GAINS安装于弹尾折叠翼处，所以增强型宝石路的形状、尺寸与原型并无变动。

F-35战斗机打算将"宝石路（paveway）家族"的所有型号纳入可使用武器范围，但截至2018年春，F-35战斗机只进行了GBU-12宝石路Ⅱ和GBU-49增强型宝石路Ⅱ这两种制导炸弹的试验工作。

图为正从机体内部武器舱投掷 GBU-12 227kg 宝石路Ⅱ激光制导炸弹的 F-35A 战斗机。该战机隶属美国空军第 56 联队，该联队是负责培训美国空军飞行员的训练部队，自然也会用实战武器开展训练。

图片：美国空军

图为隶属美国海军 VX-23 "咸狗" 中队的 CF-03，图中该战机左侧主翼中段下方挂载了 GBU-12 激光制导炸弹，正从 "乔治·华盛顿" 号航母上起飞。拍摄该照片时战机右侧主翼只有外挂架，未装载任何设备，所以战机当时处于不对称飞行状态。

图片：美国海军

5.7 宝石路 IV 激光制导炸弹

精密激光制导炸弹——只有英军装备

宝石路 IV 是精密激光制导炸弹，也被认为是宝石路系列制导炸弹的第 4 代产品。这种炸弹是基于英国空军对精密制导炸弹的需求研发的。它进一步发扬了增强型宝石路（Enhanced Paveway）的全球定位惯性导航系统，将此前一直作为制导功能主要部分的激光半主动制导系统改为辅助组件，由 GAINS 承担炸弹制导系统的"中枢"角色。

该炸弹只使用 500 磅（227kg）弹体，扩大了弹体前方的导引部，顶端较尖锐的圆筒形收纳部被进一步延长，该处装有 4 片弦长较长的切梢三角弹翼，最顶端的激光导引头采用了与宝石路 II 相同的"风标式"导引装置。

该炸弹的引信部分使用了最新研制的新型引信，名为"多间隙硬目标引信"。弹体背部设计了一处被称为"Hardback"的特殊形状部位，设计者将这一部位的突起部分扩大后放入折叠式主翼，弹体投出后可以张开该部位的折叠主翼进而实现滑翔动作，这种被称为"远射"的增程滑翔制导组件也在当前的研发计划中。

目前只有英国正式配备了宝石路 IV 激光制导炸弹，英国空军决定用这种炸弹武装"台风"战机和 F-35B 战斗机。"宝石路系列"激光制导炸弹在使用时需要同时携带目标指示单元等装备，这些装备用于向目标发射激光，进行辅助制导工作，但 F-35 战斗机机首下方的 AN/AAQ-40 EOTS 已经涵盖到这一功能，所以 F-35 不用在机体外部增设任何机载单元，从而避免了隐身性下降的情况。

图为英国空军的"鹞"式（Harrier）GR.Mk9 战斗机，目前已退役。图中该机主翼下方装载的正是宝石路Ⅳ激光制导炸弹。该炸弹的导引头安装在风标式装置上，导引头后方的弹体前端体积较大，所设弹翼较小，可以说是它的外形特征。　　　　　　　　　　　　图片：英国国防部

图为正在进行宝石路Ⅳ制导炸弹投放试验的 BF-03。与"ASRAAM"相同，宝石路Ⅳ激光制导炸弹也是英军的"秘密武器"，它的各种试验也与"ASRAAM"一样，大部分工作都是由 F-35B 的 SDD 试验机在美国完成的。　　　　　　　　　　　　　　　　图片：美国海军

5.8 小直径制导炸弹

可通过滑翔方式攻击 75km 处的目标

与联合直接攻击弹药（JDAM，Joint Direct Attack Munition）类似，GBU-39B小直径制导炸弹（SDB，Small Diameter Bomb）也使用了惯性导航系统和全球定位系统，且弹体较小。这种制导炸弹是由波音公司研制的。弹体部分使用了新研发的113kg炸弹，直径很小，只有19cm，因而得名"SDB"。以19kg高爆型特里托纳尔（Tritional）为爆炸物，可摧毁需要900kg炸药才能实现破坏效果的高强度目标。

使用可折叠式滑翔翼是SDB的一大特征。该滑翔翼在弹体载弹飞行时完全收容于弹体上部，炸弹投掷后翼面张开，翼展可达1.38m。该弹翼的设计理念使它可以像飞机主翼一样产生向上的升力，进而使SDB能像滑翔机一样以滑翔方式接近目标。在7200m以上高度投放时该炸弹最远能打到距离75km处的目标，且投放的近一半炸弹的落点集中在以目标精确位置为圆心，半径为3m的圆形区域内，命中精度较高。

美国雷神公司在此基础上开发了GBU-53B SDB Ⅱ，以此作为GBU-39B的换代升级版。GBU-53B SDB Ⅱ使用了集毫米波雷达、红外成像、激光于一身的三模复合导引头（Tri-mode seeker），战斗部也融合了爆破战斗部、破片杀伤战斗部和聚能装药战斗部，具备摧毁敌方坚固装甲目标的威力。此外，由于它配置了双向数据链系统，可在滑翔过程中更新数据或变更飞行路径。

图为美国空军第 412 测试联队的 AF-06，该战机正在投放 GBU-39B SDB。SDB 共 4 枚，装配在战机的轻便挂架上。该战机共有两个武器舱，每舱 4 枚，最多可装载 8 枚。

图片：美国空军

菱形弹翼已弹出的 GBU-39B SDB。 图片：青木谦知

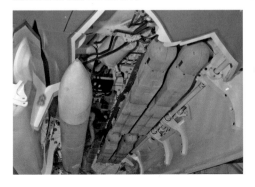

图为收纳于 F-22A 战斗机武器舱的 GBU-53B SDBⅡ模型。不过在配备 F-35B 战斗机的过程中出现了线路设置等问题，预计要到 2022 年以后才能在 F-35B 战机上实现 F-35 机型对该炸弹的首次实战使用。 图片：雷神公司

5.9 联合直接攻击弹药

比宝石路更便宜的精密制导炸弹

波音公司研制了联合直接攻击弹药（JDAM，Joint Direct Attack Munition），这是一种比宝石路系列更廉价、更简单的精密制导炸弹。其制导系统以GPS（全球定位系统）为主要构成部分，但也嵌入了INS。不同于GAINS，JDAM的制导系统没有二者并用，而是将INS作为备用项，在GPS出现故障或无法接收卫星信号时投入使用。但与宝石路Ⅱ/Ⅲ一样，JDAM这种制导炸弹也活用了Mk80系列（全名为"低阻力通用炸弹"，是诸多精确制导武器的主体）及其改良版弹药。JDAM共有4种型号，每种型号又分别研制了3种不同重量的弹体。

JDAM的制导部将制导装置和操舵翼组合到一起，位于弹体后方，在此基础上加装了"Strake"（此处指弹翼前缘延伸面）。除了Mk82弹型将该延伸面设置在弹体前端，其他型号的弹体都将延伸面放到弹体中央。装载了JDAM的战机只要在投放弹体前用武器系统接通电源，JDAM便开始工作，确定基准坐标。在弹体投放前，投弹战机的位置、速度以及目标位置等信息会经由计算机接口传输至JDAM的制导单元。JDAM投放后会通过GPS持续更新飞控计算机的数据信息，控制操舵翼动作以调整姿态，进而向目标接近。

为JDAM加装激光制导装置后就得到了"激光JDAM"（L JDAM，Laser Joint Direct Attack Munition），JDAM的所有型号都研发了相应的激光改良版弹体。L JDAM在使用时可由投弹战机、其他飞机或地面设施向目标发射激光，弹体会在导引头接收到相应激光信号后用GPS制导计算机进行二次计算，进而确定反射源，获得新的目标坐标数据，并将之认定为新的攻击目标。

图为正在投放 GBU-31 907kg JDAM 的 CF-08。该机隶属于美国海军试验部队 VX-09，但也曾编入分遣队，加入爱德华兹空军基地的 F-35 战斗机统合试验军开展作业。所以该机的垂直尾翼上也印有第 412 测试联队的尾码 "ED"。

图片：美国空军

图中战机为 BF-02，该机左右主翼下方内侧装有 GBU-31 907kg JDAM，中段装有 GBU-32 454kg JDAM，外侧装有 AIM-9X 导弹，机身外挂架已经挂满，正准备起飞。图片：洛克希德·马丁公司

AGM-154 联合防区外发射武器

依次引爆的串联弹组

AGM-154联合防区外发射武器（JSOW，Joint Stand-Off Weapon）是一种远程（Stand off）武器，作为美国海军与空军的合作研发项目于1992年启动。它虽然使用了空地导弹的制式名称"AGM"，但实际上是不具备推进装置的滑翔式制导炸弹。只不过其射程很远，可达120km，因而使用了与导弹相同的武器编号。

JSOW在弹体中部设置了上弹翼。该弹翼可在弹体投放后弹出，使其进入滑翔状态，随后可通过GPS与INS组合制导系统操控弹体后方的6片控制舵面，使弹体在飞行过程中经过事先设定的位置点，逐渐接近攻击目标，而且能根据实际需要在投弹前改变目标信息等数据。

在AGM-154系列制导武器中，第一款研发成功并实现了实用化的武器是布撒式武器，AGM-154A。美国国内虽然未承认禁止各国使用集束炸弹等布撒式武器的《禁止集束弹药武器公约》（也叫奥斯陆协议），但也不打算继续使用AGM-154A，所以这种制导炸弹现已停产。

目前投入生产的AGM-154系列武器是AGM-154C，该炸弹将2种弹头前后串联，构成串联弹组。这种串联弹组先使用聚能装药侵彻弹头击穿装甲或钢筋混凝土结构，随后引爆另一种更大的弹头，进而完成打击。AGM-154C安装了末段红外成像导引头，可通过数据连接功能在飞行过程中更新目标信息。

图为美国马里兰州帕图森河海军航空站的 CF-01，该战机武器舱装有 AGM-154 的模拟弹，正进行地面投弹模拟试验。

图片：美国空军

图为正进行 AGM-154 模拟弹空中投放试验的 CF-05，该机隶属美国海军 VX-23 中队。

图片：美国海军

5.11

AGM-158 联合空地
防区外导弹

JASSM-ER 射程超过 900km

在新型空地作战武器中，除了 F-35 战斗机，美国空军也在引进洛克希德·马丁公司的 AGM-158 联合空地防区外导弹（JASSM, Joint Air to Surface Stand off Missile）。

JASSM 是美国在 1999 年开始研发的远程空地导弹。由于最初计划是同时装备美国空军与海军，因而以"Joint（联合）"命名。后来美国海军终止了装备计划，目前只有空军装备，但名称中的"J"仍被保留下来。

JASSM 本体横截面呈三角形，上面装有弹出式主翼，尾部则安装了可弹出的垂直尾翼。由一台涡轮喷气式发动机提供动力，最大射程在 370km 以上。

AGM-158 的主要制导装置为 GPS，同时配置 INS 作为备用项。导弹通过系统提供的坐标数据完成飞行中间阶段，在飞行最终阶段使用末段红外成像导引头。在导弹飞行中期，事先设定通过位置点可以让导弹实现非直线路径，也可以在飞行途中使用数据连接功能改变导弹路径。该导弹采用的是 454kg 的侵彻战斗部。

最早生产出来的是 AGM-158A 导弹。为了提高其全天候使用能力，也为了使导弹能够基于攻击目标采取最优的末段制导方案，可替代红外成像导引头的毫米波雷达、合成孔径雷达等装备也在研发当中。除此之外，已研制成功的 AGM-158B JASSM-ER 将该系列导弹的射程延长至 900km 以上。JASSM-ER 将涡轮喷气式发动机改为涡扇发动机，燃料容量也得到提升。

图中的 AGM-158A JASSM 正处于巡航状态。这种导弹的研发定位是作为美国空军与海军通用的远程对地攻击导弹，但实际上只有空军装备了该导弹。　图片：洛克希德·马丁公司

图中的专用装载机器正在为波音公司 B-52H "同温层堡垒" 轰炸机的主翼安装 AGM-158B JASSM-ER 导弹。JASSM-ER 于 2006 年 5 月 18 日启动飞行试验，2014 年 4 月开始在美国空军服役。

图片：美国空军

5.12 联合打击导弹

日本航空自卫队表示关注并展开调研

由于美国空军不要求战斗机对舰艇实施打击，所以美国没有研制F-35A专用的空舰导弹。但挪威认为"本国空军引进的F-35A战斗机需要具备空对舰打击能力"，因而研制了相应的空舰导弹。

这种空舰导弹的原型是挪威武器制造商康斯伯格集团研制的海军打击导弹（NSM，Naval Stirke Missile），是一种可用于武装舰艇或地面装备的反舰导弹。在此基础上进一步考虑战斗机机身武器舱的收容空间，就得到了F-35A战斗机专用的联合打击导弹（JSM，Joint Strike Missile），JSM的弹体中部设有呈左右分布的弹翼，尾部有4片舵面，采用涡喷式发动机。

JSM的运用与传统空舰导弹别无二致：弹体发射后下落，落至贴近海面的超低高度后进入巡航飞行模式，随后进入飞行中期，在INS与GPS的引导下接近目标，与目标的距离达到特定值时弹体将切换至末段制导模式。NSM使用双带红外成像进行末段制导，JSM则采用无线电射频进行末段制导。这种无线电射频制导方式是根据澳大利亚的要求研发的，与挪威一样，澳大利亚也决定装备JSM，计划使用F-35A战斗机展开反舰打击任务。关于射频制导，本书将在5.13节予以详述。

JSM与F-35A战斗机的适配工作得到了美国雷神公司的协助，导弹生产工作则计划在亚利桑那州图森市进行。日本航空自卫队也将反舰打击列入了战斗机的作战任务，所以日本防卫省决定引进这种导弹。

图为主翼下配有 JSM 实弹等比模型的 F-35A 战斗机全尺寸模型。该机在不考虑隐身性的前提条件下可外挂 4 枚 JSM，如果将武器舱容量计算在内，JSM 的最大载弹量为 6 枚。

图片：康斯伯格集团

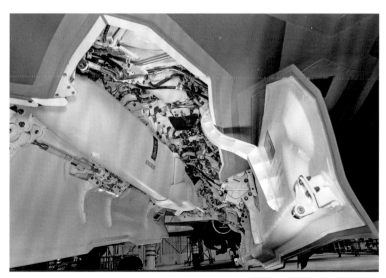

图为装备在 F-35A 战斗机武器舱的 JSM 等比模型。虽然图中的武器舱可以看到线路等精细装置，但该机也是 F-35A 战斗机的全尺寸模型。

图片：康斯伯格集团

5.13 AGM-158C 远程反舰导弹

装备可以精确引导至目标位置的复合导引头

为了替换美国海军目前正在使用的波音AGM-84鱼叉式反舰导弹，洛克希德·马丁公司正在研发AGM-158C远程反舰导弹（LRASM，Long Range Anti-Ship Missile）。从它的制式名称中不难看出，这种导弹是以AGM-158 JASSM（参见5.11节）为设计原型的，二者外壳基本一致。

LRASM的发动机与AGM-158B相同，都是采用涡扇发动机。导弹发射后会根据事先输入到GPS制导装置的数据展开自主飞行，飞行初期会保持较高的高度，一旦接近目标则会下降飞行高度至贴近海面的低空，从而躲避敌方侦测。

末段制导会用到BAE系统公司研发的复合导引头。这种导引头整合了无线电射频和红外成像技术，射频接收器会捕捉舰载雷达等装备发出的电磁波，进而引导弹体接近电磁波发射源。

一直以来这类导弹多采用雷达装置进行末段制导，进而引导弹体接近雷达反射面较大的部分（多为舰桥部分）。不过在这种制导方式下，如果敌方通过伪装手段故意制造出雷达反射面较大的反射源，那么导弹很可能脱离打击目标。与之相比，射频接收器是在被动地接收敌方舰艇的信号，所以不会受到干扰。由于舰船不可能自行切断侦测雷达信号，所以导弹会持续捕捉敌方目标信息。不仅如此，LRASM还采用了先进的AI（人工智能）技术，当导弹弹体接近多艘舰船组成的战斗群时，弹体会识别出指定的目标舰只，因而不会攻击指定目标以外的其他舰只。虽然具体规格信息尚不明确，但预计导弹射程会在360km以上。

图中正在进行 AGM-158C LRASM 投放试验的 B-1B"枪骑兵"轰炸机隶属于美国空军第 412 测试联队第 419 飞行试验中队。美国空军没要求战斗机执行反舰作战任务，但要求特定的 B-1B 轰炸机执行反舰作战任务。　　　　　　　　　　　　　　　　　　图片：洛克希德·马丁公司

图中的波音 F/A-18F"大黄蜂"战斗机在主翼处挂载了 AGM-158C 导弹，该机隶属于美国海军 VX-23 中队。AGM-158C 导弹今后或将装备 F-35C 战斗机。　　　　　　　图片：美国海军

B61-12 核航弹

配有制导套件的 50kt 级核弹可发挥出 400kt 级核弹的威力

1960年，美国开始研制一种名为"TX-61"的氢弹，这也是继B28、B43之后的另一种可由战略轰炸机及战术飞机通用的氢弹，它便是B61的起源。1965年，最早的投产型号B61-0开始生产，这也是该系列氢弹的基础型号。1994年12月，这种氢弹逐渐进入实用化。

B61系列共有12种型号。从B61-0到B61-5的6种型号为新式炸弹，随后的5种型号是在此基础上经过改良而得的，最新型号则是B61-12。刻度盘式的可调引信使得B61-12可以选择当量等级，弹体部分使用了经B61-3改良而得的B61-4核航弹。B61-3共有7个当量等级，分别为：0.3kt、1.5kt、5kt、10kt、60kt、80kt、170kt（kt为千吨），不过据说改良而得的B61-4将当量等级削减为4个，分别为：0.3kt、0.5kt、10kt、50kt。

此外，B61-12还配置了制导套件来提升命中精度，这种制导套件以波音公司研制的JDAM的制导部分（参考5.9节）为设计原型。B61-12在弹体后方安装的制导组件以GPS制导操舵翼为主体，这种弹翼可由GPS制导装置操控，弹体中部则安装了"Strake"，这一点与JDAM相同。在B61-12之前实现实用化的侵彻核航弹B61-11是以非制导的自由落体方式投放的，该型号核航弹的弹着点一般分布在目标附近110~170m的范围内，在穿透地表后引爆，而B61-12将命中精度提升至目标附近30m范围内，进而使得该型号核航弹可以用50kt级的当量制造出400kt级当量的破坏效果。

2018年2月2日，美国发布了《核态势评估》报告，这份评估报告将B61-12定义为低当量核航弹，认为该武器的存在提升了美国及其同盟国在选择核防卫力量时的灵活性与多样性。

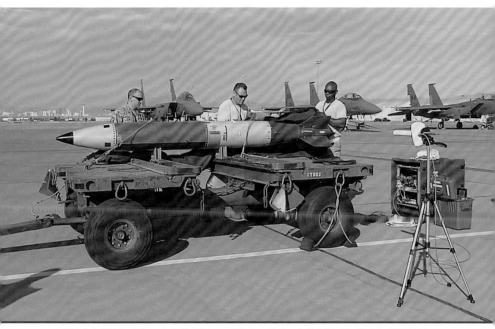

图中的车载弹药正是 B61-12 的模拟弹。B61 研发于 20 世纪 60 年代初期，经不断改良后沿用至今。

图片：青木谦知

图中波音 F-15E"攻击鹰"在保型油箱（Conformal Fuel Tank）处的挂载点装配了 B61-12。在战斗机方面，美国空军计划用这种核航弹装备 F-15E、F-16C 以及 F-35A 战斗机。

图片：青木谦知

5.15 GAU-22/A 机关炮

所有 F-35A 战斗机均装有机关炮

与 F-16、F-15、F-22 等战斗机相同，F-35 战斗机也收到了美国空军独有的要求，那就是机关炮需安装在机体内部，所以 F-35A 战斗机在左侧主翼翼根处的中段机体部位留出了一段细长的凸出空间，这段凸出的机体空间在内部安装了由通用动力（General Dynamics）公司研制的 GAU-22/A 机关炮。该机关炮一般用于空对空作战，由于引进 F-35A 的其他国家并不认为机关炮多余，所以目前的所有 F-35A 战机都装有这种机关炮。

GAU-22/A 为 25mm 口径加特林式机关炮，它由 GAU-12 "平衡者"机关炮衍生而来，后者用于武装 AV-8B "鹞 2"（Harrier Ⅱ）与 AC-130 "空中炮艇"等战机。二者最大的区别是：GAU-12/U 是 5 管加特林式航空机关炮，但 GAU-22/A 只有 4 根炮管。这是为了减轻机关炮重量并提升其射击精度。GAU-12/U 的射速是 3600 发/分钟（最快可达 4200 发/分钟），与之相比，GAU-22/A 的射速只有 3300 发/分钟。机关炮自重 134kg，填满弹药后的总重量为 238kg。

GAU-22/A 的最小射程在 2700m 以下，最大射程在 4300m 至 4600m 之间，每次可装弹 150 发。由于机关炮炮口会反射雷达波，所以 F-35A 战斗机在凸出空间的前端设置了上开式舱门，用来隐蔽炮口。美国海军与海军陆战队在 F-35 战机的机体中心线下方设置了 F-35B 与 F-35C 专用的机关炮单元，用于收纳 GAU-22/A 机关炮。

2015 年 8 月，F-35 战斗机统合试验军用 F-35A 的 AF-02 号机进行了 GAU-22/A 机关炮的射击测试。在最大射速测试及满弹连续射击试验中未出现任何问题，而且试验时的装弹量比 180 枚的最大装弹量还要多出 1 枚。试验准备工作于 6 月开始，测试难度逐步增加，8 月份正式进入试验阶段。该试验是在爱德华兹空军基地的机关炮射击调试区（Harmonizing Area）进行的。

图片：美国空军

继各种地面试验后的 2015 年 10 月 30 日，该机关炮首次进行了飞行过程中的射击试验。机关炮及相关系统的研发工作用到了 AF-02 号机上。

图片：美国空军

任务型机关炮系统
（MGS，Missionized Gun System）

装弹量与固定机关炮相比多出 40 枚

　　对于并未将机关炮作为固定装备的F-35B与F-35C战斗机，美军专门研制了任务型机关炮系统（MGS，Missionized Gun System），不过与F-35A一样，这一枪炮系统也采用了GAU-22/A 25mm口径机关炮。虽然机关炮本体并无太大变化，但装弹量要比F-35A的机关炮多出40枚，可填装190枚弹药。射速则由此前的3300发/分钟降至3000发/分钟。

2017 年 5 月 4 日，MGS 进行了首次射击试验。这次试验使用了 BF-01 号机。为了不影响武器舱舱门的动作，安装于机身中心线处的枪炮单元在外形上做了精细的设计处理。

图片：洛克希德·马丁公司

第六章

使用 F-35
战斗机的国家

包括美国在内，目前共有 11 个国家决定配
备 F-35 战斗机，预计今后还会有更多的国
家加入这个队伍。本章将为读者介绍使
用国的装备现状以及今后的计划。

图片：美国国防部

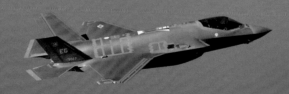

说到 F-35 战机装备数量最多的国家，那自然非美国莫属。美国空军的 F-16 战机和 A-10 攻击机还有美国海军的 F/A-18 战斗机以及美国海军陆战队的 F/A-18 和 AV-8B 攻击机都计划将 F-35 作为换代机型。

目前美军的装备数量为：空军配有 1763 架 F-35A 战斗机，海军与海军部已对外公开的装备数为 693 架，其中大约有 270 架 F-35C，海军陆战队大约有 353 架 F-35B 和 70 架 F-35C。

由于海军 F/A-18 战斗机中队数量较少，所以海军陆战队会根据实际需要将部分 F/A-18 战机调配至海军，这些战机会编入航空母舰舰载机联队（CVW，Carrier Air Wing）。F-35 战机也将沿用这种调配方式，所以海军陆战队也装备了数量较少的 F-35C。此处记述的海军陆战队 F-35B 和 F-35C 的战机数量今后可能会发生变化，但战机总数会维持在 420 架左右。

关于 F-35B 战斗机出现之前的上一代 STOVL 攻击机 AV-8B，截至 2017 年年末，美国海军陆战队总计保有 108 架（此数字不包括该型号战机的训练机 TV-8B，共 16 架）。所以如若按照上述计划推进装备工作，美国海军陆战队的 STOVL 作战能力将强化为原来的 3 倍以上。

截至 2017 年年末，美国空军共保有 F-16 战机 951 架，A-10 战机 287 架（合计 1238 架），如果考虑到为预防事故等特殊因素损耗而准备的备用战机，以及为顶替因维修作业不得不暂时脱离战斗序列的战机而准备的备用机，那么美国空军换装 F-35A 战斗机战力将扩充 500 架左右。美国海军的装备计划将在 6.6 节详述。

图中与第 533 海军全天候战斗攻击中队 VMFA(AW)-533 "老鹰"中队的 F/A-18D 战机编队飞行的 RF-06 号机,隶属于 VMFAT-501 "军阀"中队。海军陆战队的 F/A-18D 是夜袭机型,而图片内侧的战机在机首部位安装了摄像头,是侦察型 F/A-18D（RC）。

图片: 美国空军

图中的 CF-04 号机隶属于"亚伯拉罕·林肯"号航空母舰的 VFA-125 "狂暴突击者"中队。图片虽然难以识别,但该机水平尾翼下方的机体处印有"MARINE（海军陆战队简称）",由此可见,这架 F-35C 战机虽然服役于海军,却来自于海军陆战队。

图片: 美国海军

美国空军 ①
试验、评估部队

除综合试验部队外，还有空军下属试验部队

F-35战斗机距离实用化仍有一段路要走，广泛的测试作业以及对各项性能、能力等方面的确认与验证工作不可或缺。为了实现这个目标，集成测试部队（ITF，Intergrated Test Force）应运而生。加利福尼亚州的爱德华兹空军基地以及马里兰州（Maryland）帕塔克森特河（Patuxent river）的海军航空站（NAS，Naval Air Station）都是该部队的据点。前者是美国空军的飞机研发基地，虽然以F-35A的研发工作为主体，但试验工作（例如武器试验）涉及F-35战机的所有型号。为此，爱德华兹空军基地的ITF以美国空军第412测试联队为主体，可暂时调用F-35B和F-35C战机。美国空军现有的多个机种的相关技术都是由第412测试联队展开研发并进行测试的，F-35目前配属于第461测试中队。

除上述部队，佛罗里达州恩格林空军基地的第53联队也是美国空军的测试部队，配属该部队的第31测试评估中队目前活跃于爱德华兹空军基地。这支部队测试的是与实际应用相关的项目。第53联队旗下的第422测试评估中队（目前驻扎在内华达州的内利斯空军基地）也在进行应用试验，该部队主要进行的是新研制武器的应用性试验。为此，该部队不仅配备了F-35A，也配置了F-15E、F-16C、F-22A等多个机种。

为了完成这些新式武器的应用和研发工作，该部队与同样位于内利斯空军基地的美国空军武器学校紧密合作，开展各项工作。关于美国空军武器学校，笔者将在6.3节为大家介绍。

在美国空军的几支 F-35 测试评估部队里，爱德华兹空军基地的 ITF 正发挥着中坚作用。图 ① 中编队飞行的战机隶属于第 412 测试联队第 461 测试中队，从纸面外向内数的第 2 架战机是 F-35A 的系统研制及验证机（SDD）AF-02。最里面的是海军的 F-35C。图 ② 是第 53 联队第 31 测试评估中队的 AF-19。图 ③ 为爱德华兹空军基地内的一架 F-35C，该机主翼正处于折叠状态，隶属于 VX-09"吸血鬼"分遣队，暂时编入了第 412 测试联队。图 ④ 中的 AF-21 战机配属于第 422 测试评估中队。

图片：美国空军

除测试部队外，最早配备F-35战机的是驻扎在佛罗里达州恩格林空军基地的第33联队。2017年7月，2架F-35战机最先抵达该联队下属第58中队，开始投入到操纵教官及战机飞行员的培训任务中。第33联队是最早的F-35战机训练部队，因而被指定为F-35战机综合训练中心（ITC，Integrated Training Center），不仅训练美国空军飞行员，也将为海军及海军陆战队培养飞行员。

因此，随着各军种开始配置量产机型，海军陆战队训练部队VMFAT-501"军阀"和海军训练部队VFA-101"死神"也被派驻于恩格林空军基地，而第33联队则成为这些部队中的主导力量。

VMFAT-501训练部队配有英军订购的F-35B战机的1号机（BK-01），英军早期的F-35战斗机飞行员也在此处受训。后来VMFAT-501训练部队移驻到其他基地，空军也于2014年在亚利桑那州卢克空军基地的第56联队开展F-35A飞行员培训工作。在下属中队完成F-35A战机的配置工作后，第33联队将成为美国空军唯一的F-35A训练部队。第56联队同时也为其他F-35使用国培训F-35A战机飞行员，但只有日本飞行员的培训工作是由该联队的联合（associate）部队——第944联队第2中队负责的。

在美国空军中，驻扎于内利斯空军基地的第57联队下属美国空军武器学校负责推进各类有关武器的研究工作，确认武器使用方法，培训武器教官。这里为F-15、F-16、F-22、A-10等战机设置了对应各机种的中队，F-35中队是第6武器中队。

图中战机正是除测试部队外最早配置 F-35 战机的美国空军第 33 联队第 58 中队的 F-35A 战机。第 33 联队是美国海军及海军陆战队训练部队中的主力部队。

图片：美国空军

图为编队飞行的第 56 联队的 F-35A。第 56 联队也为国际上的其他 F-35 使用国培训飞行员。图中面向读者一侧的战机正是由澳大利亚空军飞行员操纵的澳大利亚空军 F-35A 战斗机。

图片：美国空军

图中编队飞行的是美国空军武器学校的 F-16C（内侧）和 F-35A 战斗机。F-16C 飞行队是隶属于第 16 武器中队，F-35 的垂直尾翼上印有第 16 武器中队字样（16WPS）是因为这张照片拍摄时期较早。2017 年 6 月 20 日，F-35A 中队才作为第 6 中队正式改编并独立。

图片：美国空军

美国空军③
实战部队

美国空军最早的 F-35A 战斗机的实战部队是犹他州（State of utah）希尔空军基地（Hill Airforce Base）的第 388 联队。其下属第 4、第 34、第 321 中队中，第 34 中队最先配备 F-35A 战斗机。2016 年 8 月 2 日，该中队获得了 F-35A 初始作战能力（IOC，Initial Operational Capability）认证。IOC 是指"虽不具备全面作战能力，但允许其作为有限战力参加作战行动"的官方许可。第 388 联队的联合部队是第 419 联队，其下属第 466 中队在展开行动时可与第 34 中队共用器材。2017 年 9 月 27 日，第 388 联队下属第 4 中队开始配备 F-35A，不过第 4 中队没有联合部队。

2017 年 4 月，美军第 388 联队进驻欧洲，以英国为据点，与同盟各国共同开展训练活动。

2017 年 10 月 30 日，第 34 中队的 12 架 F-35A 战斗机进入日本嘉手纳空军基地，这也是美国在太平洋地区实施的区域安全战略（TSP，Theater Security Program）的一环，暂定入驻期限为 6 个月。在入驻期间，这些战斗机还参加了代号为"警惕王牌 18"的美韩联合军事演习，曾一度从嘉手纳空军基地转移至韩国群山基地，以便开展行动。

此外，希尔空军基地还配有奥格登（Ogden）空军后勤中心，可对 F-35A 战斗机进行大规模的改装及修理作业。

图中的 F-35A 战斗机为执行任务正从掩体区滑出，该机隶属第 34 中队，在 TSP 的布局安排下暂时被派驻于嘉手纳空军基地。该机的垂直尾翼上印有表示该中队的联合部队，即第 466 中队的字样，"466FS"。

图片：美国空军

图中第 34 中队的 AF-81 号机正在希尔空军基地（Hill Airforce Base）进行夜间出击（Sortie）训练。

图片：美国空军

167

6.5

美国海军①
测试、训练部队

2 个测试部队和 1 个训练部队

　　和空军一样，美国海军的F-35C战斗机与海军陆战队的F-35B战斗机都是由集成测试部队（ITF，Intergrated Test Force）进行测试的。不过这部分测试工作主要由海军测试部队——第23海军航空测试评估中队VX-23"咸狗"中队开展，该中队以马里兰州帕塔克森特河的海军航空站为大本营。

　　VX-23中队会对海军配备的固定翼飞机和无人机的所有机种进行广泛的研究、测试与评估。该部队的测试与评估作业项目多种多样，不仅包含飞行性能及可操纵性这种机身评估工作中的基础测试，也包括战机尾旋等偏离特性测试，以及偏离恢复过程的确认，还有挂载武器的实弹射击测试等。

　　不过对F-35C战机而言，诸如飞行特性测试一类的基础工作已经交由爱德华兹空军基地的集成测试部队进行，所以VX-23中队的主要工作是考察该舰载型战机与舰船的适配性以及开展机载武器的相关试验，使用航母开展的早期研发试验任务与应用试验任务也大多是由SDD验证机与VX-23中队的战机执行的。

　　美国海军的另一个测试部队是VX-9"吸血鬼"中队。该中队位于加利福尼亚州的海军航空武器站（NAWS，Naval Air Weapons Station），从事武器研发试验工作。该中队将分遣队派驻到爱德华兹空军基地的综合训练中心（ITC，Integrated Training Center），进行有关F-35C战斗机的测试工作。

　　美国海军最早的F-35C训练部队是第101海军攻击战斗机中队VFA-101，绰号"死神"。2012年5月1日，该部队在恩格林空军基地接受改编，配备F-35C战机，被编入综合训练中心。

图中的 CF-03 号机隶属 VX-23 中队，该战机正在帕塔克森特河海军航空站的模拟着舰设施上进行着舰测试，该过程还用到了拦阻钩。这架战机在主翼下方挂载了 GBU-12 宝石路Ⅱ激光制导炸弹，在机身下方安装了任务型机关炮系统。

图片：美国海军

图中的CF-06号机隶属实机操纵训练部队——美国海军VFA-101"死神"中队。CF-06号机也是F-35C战机的第一批量产机，同时该机也是VFA-101中队的第一架F-35C战机，所以机身涂有特殊涂装。

图片：洛克希德·马丁公司

美国海军第一支由 F-35C 战机组成的实战部队是 VFA-125 "狂暴突击者" 中队，这支中队驻扎在加利福尼亚州的 "Lemmore" 海军航空站，第一批 F-35C 战机共 4 架，于 2017 年 1 月 25 日抵达该中队。

　　以前的 VFA-125 中队是美国海军大西洋舰载机的舰载机替换中队（FRS，Fleet Replacement Squadron），负责开展 F/A-18 战机的替换训练。2010 年 10 月 1 日，这支中队被 VFA-122 "飞鹰" 中队吸收，因而解散。到了 2016 年 12 月 12 日，该中队被重组为 F-35C 战机的西海岸 FRS。

　　美国海军虽然尚未拥有 F-35C 实战部队，但已经明确表示将在 2030 年后的几年内编成 20 支由 F-35C 组成的 VFA 中队。这些中队将进入航空母舰舰载机联队（CVW，Carrier Air Wing），每个 CVW 都有一支 F/A-18E 中队和一支 F/A-18F 中队，外加 2 支由 F-35C 组成的 VFA 中队，共计 4 支 VFA 中队，构成舰载航空打击战力的基本单位。

　　以上 VFA 中队将根据服役航母的不同被划分至太平洋与大西洋两部分。在 VFA-101 中队受训的飞行员编入大西洋战队，在 VFA-125 中队受训的飞行员编入太平洋战队。2018 年 8 月至 2019 年 2 月（筹备时间），F-35C 获得初始作战能力认证，正式装备航母在 2021 年。

2017 年 1 月 25 日，配属 VFA-125 "狂暴突击者"中队的 F-35C 顺利抵达海军航空站。该中队为太平洋地区的 F-35C 部队培养飞行员，也可作为舰载机替换中队开展任务。 图片：美国海军

与 SDD 验证机集成测试部队（ITF）一样，属于 FRS 中队的 VFA-101 中队与 VFA-125 中队也参与到了各类舰上试验之中。图中的 CF-29 隶属 VFA-125 中队，图片显示该机已在美国 "卡尔·文森"号航母上完成着舰动作。该机的垂直尾翼赫然印着大写字母 "NJ"，暗示了 VFA-101 与 VFA-125 中队之间的协同关系。
图片：美国海军

与F-35B的飞行特性及可操纵性有关的各类技术试验主要是由SDD验证机完成的，这些验证机来自于集成测试部队（ITF），该部队则驻扎在帕塔克森特河的海军航空站。实际上机操作的主要是VX-23中队的飞行员和洛克希德·马丁公司方面的测试飞行员。由于海军陆战队并没有VX-23这样的试验中队，所以测试方面的工作采用了海军与制造商共同提供支持的方式。聚焦2中记述的滑跃式甲板就设置在帕塔克森特河海军航空站。

美国海军陆战队的飞机研发试验部队是第一海军应用试验与飞行评估中队VMX-1，这支中队驻扎在亚利桑那州(Arizona)尤马县（Yuma County）的海军航空基地（Marine Corp Air Station），会针对海军陆战队装备的各类飞行器进行实用性试验和相关测评，甚至会配合使用机种制定各类专用战术。其前身是MV-22B鱼鹰式倾转旋翼机的试验部队，自2003年8月起被改编为VMX-22中队，随后参与了新式战机F-35B的相关任务。2016年5月，该部队正式更名为VMX-1。在参与F-35B的相关任务时曾向爱德华兹空军基地派出分队，进行机载武器的相关测试。

海军陆战队的F-35B舰载机替换中队是第501海军战斗攻击训练中队VMFAT-501。2010年4月1日，该中队在佛罗里达州的彭萨克拉（Pensacola）海军航空站接受改编。2012年1月11日，该中队在配备第一架F-35B战斗机后开展行动，随后被调往恩格林空军基地，被编入第33联队麾下。VMFAT-501中队原本的驻扎基地是南卡罗来纳州（South Carolina）的博福特（Beaufort）海军陆战队基地，接受改编后于2014年7月转移。

图中的 BF-15 与 MV-22B 鱼鹰式倾转旋翼机（图左）同属 VMX-1 部队。该照片拍摄于 2016 年 4 月，
当了试验需要，而架战机当时在晋德华兹空军基地开展行动。 图片：美国空军

2016 年 5 月，装弹状态下的 BF-05 战机在两栖攻击舰"黄蜂"号上进行短距滑行起飞测试。从
图中可以看到代表"海军试验部队"的标识"VX-23"以及战机的尾码"SD"。
图片：美国空军

图为 VMFAT-501"军阀"中队的 BF-06 号战机。这张照片拍摄于该中队驻守恩格林空军基地时。
图中的 BF-06 正在佛罗里达州的城市街区上空飞行。 图片：美国空军

在 F-35 战机的实用化过程中，进展最为显著的是美国海军陆战队。该部队目前有两支实战部队，第三支也已进入建设阶段。

海军陆战队的第一支 F-35 实战部队是驻守尤马县（Yuma County）海军航空基地（Marine Corp Air Station）的 VMFA-121 "绿骑士"中队。2012 年 9 月 28 日，这支中队配备了第一架 F-35B 战斗机，首先开始替换已有的 F/A-18D 战斗机；同年 11 月 20 日，部队番号中意为"全天候"的"AW"（英文全拼为 All Weather）被删除，也宣告了这支部队正式进入 F-35 战斗机时代。2017 年 1 月 18 日，VMFA-121 中队赶赴日本山口县的岩国海军航空基地（MCAS，Marine Corp Air Station），成为美国长期派驻海外基地的第一支 F-35 中队。2018 年 3 月，VMFA-121 被编入第 31 海军陆战队远征部队（MEU，Marine Expeditionary Unit），参与了当时的"春季监视行动 2018"，在两栖攻击舰"黄蜂"号上服役。这也是 F-35B 战机第一次接受到在两栖攻击舰上展开的实战任务指令。

第二支 F-35B 实战中队是驻扎在尤马县海军航空基地的 VMFA-211 "威克岛复仇者"，2016 年 6 月 30 日，这支部队接收了第一架 F-35 战斗机。VMFA-211 此前配备的是 AV-8B "鹞 2"战机，此次换机也使它成为 STOVL 战机中的首例（指在所有 STOVL 战机中最先被换下）。随之而来的则是部队番号的变更，该部队由海军攻击中队（VMA，Marine Attack Squadron）正式更名为海军战斗攻击中队（VMFA，Marine Fighter Attack Squadron）。

第三支实战 F-35 中队暂定为 VMFA-122 "飞行海军陆战队

（Flying Leatherneck）"。2017年9月22日，该中队由博福特海军陆战队基地迁至尤马县海军航空基地，开始进行战机的更新换代工作。这一作业在2018年至2019年之间结束。

图中的 F-35B 战机正处于空中加油状态，该战机隶属 VMFA-121 "绿骑士" 中队。

图片：美国空军

图为3架编队飞行的 F-35B 战斗机。它们隶属于美军第二支实战部队——VMFA-211 "威克岛复仇者"。

图片：美国海军陆战队

6.9 英国空军、海军

英国空军与海军引进 135 架 F-35B 战斗机

英国空军与海军使用的都是最早的垂直/短距起降型"鹞"系列战斗机，自20世纪80年代末期开始面临更新换代问题。在这一背景下，美国推出的联合攻击战斗机计划（"JSF"计划）研制出了面向海军陆战队的新型STOVL战机，而英国则在计划之初便表示愿意与美国合作研发，成为美国的研发合作伙伴。

英国原计划为空军与海军装备150架战机，其中空军引进90架，海军引进60架。但在2010年10月，英国政府发布了国防计划修正案，表示暂时不装备替换"鹞"式战机的换代机型。只是这项决定由于英国空军与海军一致表态"STOVL战机不可或缺"而被撤回。虽然过程曲折，但英国空军与海军目前已总计引进138架F-35B战斗机。英国订制的一号机（BK-01）于2012年4月13日首次试飞，同年7月19日交付英国国防部。

英国的F-35B战斗机首先在美国爱德华兹空军基地的集成测试部队进行飞行测试，英国空军第17（R）中队则被编入美国第412测试联队。随后这支中队被移交至驻守于恩格林空军基地的美国海军陆战队下属舰队替换中队，VMFAT-501中队，用于培训英军飞行员。从被调至博福特海军陆战队基地直至今日，这支中队一直在为英国军队培训飞行员。英国最早的实战部队是驻守罗西茅斯空军基地（Lossiemouth）的英国空军第617（F）中队，在2018年年内确立作战能力。

图中最靠近纸面的英军 BK-03 号机正与 VMFAT-501 "军阀" 中队的 F-35B 编队飞行。BK-03 配属于博福特海军陆战队基地，在 VMFAT-501 中队的指挥下训练空军飞行员。

图片：洛克希德·马丁公司

2016 年 6 月，BK-03 为回归英国本土横跨大西洋飞行，图为该机的空中加油状态。这是 F-35 战斗机首次飞往英国，也是美国首次将 F-35 飞至国外。

图片：英国国防部

177

　　无独有偶，意大利与英国一样引进 F-35 来装备本国空军与海军。根据计划方案，意大利空军的狂风战斗机将替换为 F-35A 战斗机，而 AMX 轻型攻击机，以及海军的 AV-8B 战机都将替换为 F-35B 战斗机，预计会装备 60 架 F-35A 战斗机和 30 架 F-35B 战斗机，其中 F-35B 将被空军与海军平分。海军的 F-35B 将在具备滑跃式甲板的轻型航母"加富尔"号（Cavour）上投入使用，空军的 F-35B 将在陆上基地投入使用。

　　在 F-35 全机组装方面，意大利在莱昂纳多公司旗下位于米兰近郊的工厂进行总装检修工作（FACO）。2015 年 3 月 12 日，第一架通过了 FACO 工作的 F-35A 战机 AL-01 号机宣告完成并首次公开。同年 9 月 7 日，该机首次试飞。12 月 3 日，该机正式移交至意大利空军。2016 年 12 月，该机与第二架通过 FACO 流程的战机 AL-02 号机配属至驻扎于阿曼多拉的意大利空军。

　　2017 年 5 月 5 日，意大利完成了 F-35B 一号机（BL-01）的 FACO 工作，该机在结束所有相关测试后首次对外公开。BL-01 是意大利海军订制的 F-35B 战斗机，同年 10 月 24 日首次试飞，2018 年 1 月 25 日被移交给意大利海军。为进一步确认机身完成度，BL-01 号机后来又在美国进行了各类技术试验。同年 1 月 31 日，该机以海运方式被运往帕塔克森特河的海军航空站，交由集成测试部队使用。此外，有部分 F-35A 战机是荷兰空军订制的，这部分战机很可能在意大利进行了一部分 FACO 工作。

图中的 AL-01 号机在结束飞行测试后降落在莱昂纳多公司旗下工厂的跑道上着陆。意大利可进行 F-35A 与 F-35B 战斗机的 FACO 工作，也是除美国外唯一可进行 F-35B 战斗机相关 FACO 工作的国家。

图片：洛克希德·马丁公司

为完成集成测试开展的技术试验，意大利海军的 BL-01 飞抵帕塔克森特河的海军航空站。

图片：美国海军

6.11 荷兰空军

荷兰现已装备 37 架，未来可能增加

荷兰空军将引进F-35A战机，用于替换213架现役F-16A/B战机。冷战结束后，荷兰决定削减F-16战机的数量，因而在中期改造（MLU，Mid-Life Update）过程中将已有F-16战机改造为F-16AM/BM，其空军持有F-16战机总数减少至87架。在这一背景下，F-35A最初计划引进的数量为85架。但由于后来F-35战机价格高涨，使荷兰方面在最终公布期限对外宣布的引进数量变更为37架，这一数字至今仍未变动。

不过很明显，该数字远低于荷兰军方所需的F-35A战机的数量，考虑到该国需在北约组织（NATO，North Atlantic Treaty Organization）发挥的作用，这一数字将来很可能会增加。

荷兰是继英国之后第二个引进F-35战机的国家。也是除美国外第一个使用F-35A的国家。荷兰军方订制的一号机（AN-01）于2012年4月1日对外公开，8月6日进行首次试飞。荷兰空军方面最早接受F-16战机换代的是立瓦登空军基地的第323中队。该中队于2014年10月被编入第322中队，后来因装备F-35战机脱胎换骨，于翌年11月作为研发试验部队在爱德华兹空军基地接受改编。

荷兰空军实战部队编制如下：驻守沃尔凯尔（Volkel）空军基地且由F-16战机组成的第312中队和第313中队；驻守立瓦登空军基地且同样由F-16组成的第322中队。根据计划，最早接受换装工作的是第312中队。考虑到F-16AM/BM的使用寿命，荷兰方面打算在2023年完成37架F-35A战机的引进计划。

2016 年 5 月 24 日，AN-01 与 AN-02 两架战机横跨大西洋，赶赴荷兰的立瓦登空军基地。当时由荷兰军方的 KDC-10（最上方）和"湾流"Ⅳ（上数第 2 架）2 架飞机完成迎机任务，4 架飞机编队飞行。KDC-10 和"湾流"Ⅳ 隶属第 334 运输中队，这支部队驻扎在埃因霍恩。

图片：荷兰空军

图中的 AN-01 与 AN-02 两架战机正着陆于爱德华兹空军基地。由于在第 31 测试评估中队进行测试，两架战机的垂直尾翼上印有"OT"字样，表示这两架战机隶属该中队。

图片：美国空军

6.12 挪威空军

特地为 52 架 F-35A 战斗机配置了减速伞

自1980年起，挪威与荷兰、比利时、丹麦共同引进F-16A/B战斗机，2002年6月，挪威作为国际合作伙伴参与到F-35战斗机的系统研制及验证工作中。而且由于瑞典JAS-39 Gripen"鹰狮"和"台风"战斗机在与F-35战斗机的对比审查中败北，挪威于2008年11月正式决定引进各方面性能更加符合要求的F-35战机。挪威空军提升了目前拥有的57架F-16战机的现代化性能，将现有F-16改造为F-16AM/BM。目前挪威空军对F-35A战斗机的需求量为52架，大致可以完成一对一替换。

挪威空军订制的F-35A一号机（AM-01）于2015年8月对外公开，10月7日首次试飞。但原本晚于1号机完成的2号机（AM-02）却提前一天（即10月6日）完成首次试飞。2017年11月10日正值挪威空军建军73周年，出于训练目的配置在美国卢克空军基地的AM-08、AM-09、AM-10共3架战机于当日横跨大西洋，飞抵挪威奥兰多（Orlando）基地，正式开启了F-35A战斗机在挪威国内的服役生涯。挪威空军计划于2019年使F-35A进入作战态势，2025年完成52架F-35A战斗机的装备目标。

挪威空军订制的F-35A有一个显著特征：那就是这些战机特地配备了减速伞。考虑到冬季时的战机需要在结冰跑道上完成起降动作，这种减速伞可以适当降低战机的滑行距离。这种减速伞用AF-02作为SDD验证机，主要由爱德华兹空军基地研发。2018年2月16日，这种减速伞在挪威奥兰多空军基地完成首次国内测试。

图为 AM-02 号机，2015 年 11 月 10 日，该机与 AM-01 号机共同抵达美国卢克空军基地。2017 年 11 月 10 日，该机飞抵挪威本土。

图片：美国空军

图为挪威空军 AM-03 号机，2018 年 2 月 16 日，挪威空军使用该机在挪威奥兰多空军基地进行了一次减速伞测试。

图片：挪威空军

6.13 澳大利亚空军

计划引进 100 架 F-35A 战斗机

澳大利亚空军曾把F-111C与F-18A/B作为主力战机，后来又在F-111C的更新换代过程中引进了24架F/A-18"大黄蜂"战斗机，最终在安伯利（Amberly）空军基地建成2个中队。澳大利亚原本设想用一种机型替换包括F-18A/B在内的两种主力战机，但考虑到联合攻击战斗机（JSF）计划可能存在的拖延风险，澳大利亚优先进行了F-111C战斗机的更新换代工作。

JSF计划是新式战机的摇篮，关于这项计划，考虑到国土面积广阔的国情，澳大利亚当局曾探讨引进燃料容量较多且作战半径较长的F-35C战斗机。但由于F-35C是F-35系列战机中最晚完成的机型，且机身较重，价格昂贵，澳大利亚最终决定引进空军常规起降型（CTOL）F-35，即F-35A战斗机。

2009年11月，澳大利亚政府批准了14架F-35A战斗机的筹备经费预算案，开始进行相关筹备工作，随后又2次批准追加采购方案，截至目前的计划装备数为100架。

2014年9月29日，澳大利亚空军最先订制的2架F-35A战斗机（AU-01号机与AU-02号机）同时完成装备并对外公开。同年9月25日，AU-01完成首次试飞。这2架战机目前在美国卢克空军基地第56联队，专门用于培训飞行员，待战机数量备齐后将调至澳大利亚，替换威廉敦（Williamtown）空军基地的第2实机操作训练单位（OCU，Operational Conversion Unit）中的战机，最终改编至F-35A专用操作训练单位，这种替换工作计划将从F-18战斗机开始。

澳大利亚后续还将建立3个实战中队，每支中队都会先从F-18

战斗机入手，开展替换工作。在计划方案中，威廉敦空军基地的第3中队、第77中队、廷德尔（Tyndall）空军基地的第75中队将接受新装备。

2014 年 9 月 29 日，AU-01 号机在得克萨斯州沃思堡市的洛克希德·马丁公司旗下工厂完成首次试飞。澳大利亚订制的 AU-01 与 AU-02 号机是同时对外公开的。

图片：洛克希德·马丁公司

图为卢克空军基地的飞行员操作训练任务中正要起飞的 AU-02 号机。澳大利亚空军的飞行员操作训练是从 2015 年 3 月开始的，训练任务在美国空军第 56 联队进行。

图片：美国空军

6.14 以色列空军

装备 50 架 F-35 战斗机，并取名"敬畏"

除美国的国际合作伙伴外，以色列是最早决定引进F-35战斗机的国家。美国政府与以色列政府同意通过海外有偿援助（FMS, Foreign Military Sales）的方式完成交易，双方于2010年10月签署备忘录。日本则是第二个以FMS方式购买F-35战斗机的国家。

2016年6月，以色列空军订制的F-35A的1号机（AS-01）首次公开亮相，同年7月25日于沃思堡市完成首次试飞。AS-01号机在对外公开当天就交付给以色列，使以色列成为第一个以FMS方式完成F-35买卖交易的国家。以色列当时购买了19架F-35，随后又两次追加采购，目前已持有50架F-35。

在以色列，军方会为麾下的飞机起一些独具特色的名字，F-35A的名字则是"敬畏"。这一昵称是以征集方式选出的，据说应征名称数量超过1700个。

由于以色列并非美国的国际合作伙伴，所以美国空军部队并不为以色列培训飞行员，仅负责培训教官，其余培训任务需要在以色列本国完成。这支训练部队就是以色列在内瓦庭姆基地（Nevatim Airbase）建成的第140中队，最初的两架战机于2016年12月12日飞抵该基地。第140中队不仅承担F-35飞行员训练任务，也可执行实战任务。2017年12月6日，该部队宣告"敬畏"已具备初始作战能力。以色列空军今后仍计划增加F-35战机的引进数量，这其中也会包括F-35B。

图为隶属内瓦庭姆基地第 140 中队的 AS-01 号机。第 140 中队已经获得 IOC 认证，可以投入作
战行动中。　　　　　　　　　　　　　　　　　　　　　　　　　　　图片：以色列国防部

以色列军方会为麾下的飞机起一些独特的名字。例如 F-35 被称为"敬畏"，图中与 F-35 战机
编队飞行的左侧战机名为"暴风雨"。　　　　　　　　　　　　　　　图片：以色列国防部

6.15

土耳其空军与丹麦空军

土耳其计划装备 100 架，丹麦计划装备 27 架

2002 年，土耳其成为联合攻击战斗机（JSF）计划在系统开发与实证阶段（SDD，System Development and Demonstration）的国际合作伙伴。2007 年 1 月，土耳其表示将为土耳其空军引进 116 架 F-35A 战斗机。

不过截至目前的引进目标已调减至 100 架，机身完成度也出现滞后。2018 年 5 月 10 日，土耳其空军订制的初号机（AT-01）首次试飞，并于同年移交土耳其军方。

土耳其本国大型宇航工业制造商，土耳其宇航工业公司（TAI，Turkish Aerospace Industries）与诺斯罗普·格鲁曼公司签订了协议，根据该协议，部分战机的中央机身将由 TAI 公司生产，完工后交付至诺斯罗普·格鲁曼公司接受产品检验。

丹麦也是美国 F-35 战斗机在 SDD 的国际合作伙伴。2015 年 5 月，丹麦政府与国防部部长向议会递交议案，主张引进 F-35A 作为 F-16AM/BM 战机的更新换代机型，议会则对这一议案进行了审查。经过审查，2016 年 6 月 9 日，议会同意装备 27 架 F-35A 作为新式战斗机。

这也意味着丹麦成为第 11 个引进 F-35 的国家。

丹麦目前计划从 2021 至 2026 年间购买 27 架 F-35，并在 2025 年开始装备空军，初期装备数量将极为有限，仅作为部分国防战力使用。但 2027 年以后，丹麦将分阶段地让 F-35 战机在国防及国际维和任务中施展拳脚。

图为土耳其空军订制的 F-35A 一号机 AT-01，该机于 2018 年 5 月 10 日首次试飞。土耳其空军计划在未来引进 100 架 F-35A，自 2018 年起每年将引进 10 架。　　图片：JSF Program Office

图为丹麦空军的 F-16AM，该战机主翼内侧挂载了 AIM-120A "先进中程空对空导弹"，外侧挂载点装载了 AIM-9L "响尾蛇"导弹。丹麦现役 F-16 战机 33 架，计划替换为 27 架 F-35A 战机。

图片：安娜·斯伯尔巴

6.16 韩国空军与加拿大空军

韩国空军订单为 40 架，加拿大预估为 65 架

　　2014年3月24日，韩国政府宣布选用F-35A作为新一代隐形战机（KF-X，Korean Fighter eXperimental）。韩国并非F-35战机SDD的国际合作伙伴，所以它同样也是通过FMS的方式采购F-35。KF-X的订单数量原本为60架，但出于价格原因，订单数量最终调整为40架。不过后续仍将追加采购20架的方案正在讨论当中。

　　一号机（AW-01）计划于2018年交付。除了引进F-35A战机，韩国方面还请求美方转移F-35战机中用到的有源相控阵雷达以及光电传感器等先进技术，但美国出于安保方面的考虑，拒绝了韩国的请求。

　　在F-35项目中，加拿大目前处于一种较为特殊的情况。虽然作为F-35在SDD的国际合作伙伴积极参与其中，而且负责生产了F-35的部分水平尾翼，但该国至今仍未正式敲定装备F-35战机的方案。主要原因还是单机价格昂贵，使议会难以批准。加拿大政府目前正计划引进65架F-35作为F-18的更新换代机型。但正式决定一拖再拖，现役F-18越来越接近使用寿命，为平稳过渡，加拿大政府曾在2017年尝试着先购买18架新的F-18E/F战机，并且已经推进至和波音公司签订合约的阶段，合约希望"2019年1月交付10架F/A-18E和8架F/A-18F"。但这笔订单在12月夭折，引进"大黄蜂"的方案就此搁置。

　　目前可以确定的是：加拿大政府仍未放弃引进F-35战机作为军事装备，但何时引进却不得而知。

2018 年 3 月 28 日，韩国空军订制的 AW-01 在沃思堡工厂公开亮相。但该机其实早在 3 月 19 日便已完成首次试飞了。这架一号机配属于卢克空军基地，计划 2019 年开始装备韩国全州基地。

图片：洛克希德·马丁公司

2014 年 2 月 28 日，美国空军订制的 AF-46 号机在沃思堡完成首次试飞，该机装备了麦哲伦（此处指加拿大的一家公司）公司最早生产的水平尾翼。加拿大虽然还未决定引进 F-35，但关于 F-35 的生产分工责任已经明确。

图片：洛克希德·马丁公司